A Rosaria e Franco, meus pais

9	Prólogo

15	**1 Pioneiras, veteranas e combatentes**
39	**2 Fugitivas e conquistadoras**
61	**3 Capitães corajosos**
85	**4 Viajantes do tempo**
107	**5 Árvores solitárias**
129	**6 Anacrônicas como uma enciclopédia**

149	Índice onomástico
153	Sobre o autor

prólogo

Quem não viu a obra-prima de Frank Capra, *A felicidade não se compra,* com James Stewart no papel inesquecível de George Bailey? A trama do filme é muito simples e gira em torno das aspirações e sonhos a que o protagonista, George Bailey, renuncia ao longo da vida para ajudar os outros.

Quando criança, ele pula num lago para salvar seu irmão Harry, que se afogava, e sofre uma otite que o deixará surdo de um ouvido. Adulto, abdica de suas ambições e vai gerenciar a pequena cooperativa de crédito fundada por seu pai. Desiste de ir para a faculdade, e com o dinheiro que economizara para a graduação paga os estudos universitários do irmão. Casa-se em 1929, o ano do colapso de Wall Street, e usa o dinheiro da viagem de núpcias para evitar a falência da firma. Desistência após desistência, a vida de George passa despercebida até que, por uma série de acontecimentos que não vou enumerar, na véspera de Natal ele decide cometer suicídio. Prestes a se jogar no rio, é salvo por Clarence, um anjo de segunda classe que, transportando-o a uma realidade paralela, lhe mostra como seria o mundo se ele não tivesse nascido.

Eu sei, contado desse jeito, é preciso ter um coração de pedra para não rir, mas Capra consegue transformar um edificante conto natalino num marco da história do cinema.

Na verdade, agora que estou falando do filme, mal posso esperar o Natal para vê-lo de novo.

Bem, as plantas são os George Bailey do planeta. Ninguém as respeita, são pouco estudadas, não sabemos nem remotamente quantas são, como funcionam, quais suas características. No entanto, sem elas a vida de nós, animais, não seria possível. Quem dera um mestre do calibre de Frank Capra pudesse um dia nos revelar como seria o mundo se as plantas não tivessem surgido.

Sabemos muito pouco sobre elas, e com frequência esse pouco que pensamos saber está errado. Estamos convencidos de que, à diferença dos animais, as plantas são incapazes de perceber o ambiente ao redor, mas a realidade é que elas são mais sensíveis que os animais. Temos certeza de que o mundo delas é silencioso, incomunicável, e no entanto elas são comunicadoras de primeira linha. Apostamos que não mantêm nenhum tipo de relação social mas, ao contrário, trata-se de organismos genuinamente sociais. E, sobretudo, podemos jurar que são imóveis. Quanto a isso, não arredamos o pé. Afinal, basta olhar para elas. A grande diferença entre os organismos animais (ou seja, seres animados, dotados de movimento) e os vegetais não está justamente nisso?

Bem, também estamos errados quanto a esse ponto: as plantas não são de forma alguma imóveis. Elas se movem muito, mas a passos mais lentos. Mover-se elas podem, o que não podem é *mudar de lugar*, pelo menos ao longo da vida. Não são, pois, imóveis: são sésseis ou, se preferir, radicadas. Um organismo séssil não pode se mudar do local onde nasceu, contudo pode se mover como e tanto quanto lhe aprouver. É o que as plantas fazem, basta dar uma olhadinha nos milhares de vídeos em velocidade acelerada atualmente disponíveis na internet.

Embora elas não possam se mover no decorrer da vida, de geração em geração elas são capazes de conquistar terras mais distantes, áreas mais inacessíveis e regiões menos hospitaleiras, com uma obstinação e uma capacidade de adaptação das quais muitas vezes senti inveja.

Como mencionei em outro lugar,[1] as plantas são incrivelmente distintas dos animais. Seu corpo, sua arquitetura, suas estratégias são, não raro, diametralmente opostas às dos animais. Os animais têm um centro de comando, as plantas são multicêntricas. Eles têm órgãos simples ou duplos, elas têm órgãos difusos. Eles são indivíduos (no sentido de indivisíveis), elas não o são de forma alguma, mais assemelham-se a colônias. Enfim, parece que nos animais a ênfase recai sobre o singular, enquanto nas plantas ela é plural. Neles, o indivíduo é mais importante; nelas, sobressai o grupo. Organismos tão diferentes de nós precisam ser observados através das lentes da compreensão, não da semelhança. Nunca seremos capazes de entender as plantas se as considerarmos animais deficientes. Elas são uma forma de vida *diferente*, nem mais simples nem menos desenvolvida do que a dos animais.

Se as observarmos com olhos desprovidos do filtro animal, suas características extraordinárias vão emergir muito claras e inquestionáveis, em toda parte, mesmo em âmbitos que pareceriam improváveis, como na capacidade de se deslocar. Quando se fala de migrantes, seria preciso estudar as plantas para entender que são fenômenos que não podem ser detidos. Geração após geração, usando esporos, sementes ou qualquer outro meio, elas se movem e avançam pelo mundo na conquista de novos espaços. Samambaias liberam quantidades astronômicas de esporos que podem ser carregados pelo vento ao longo de milhares de quilômetros, por anos e anos.

---

1   O autor trata da distinção entre animais e plantas quanto ao tipo de organização em S. Mancuso, "Democracias verdes", in *A revolução das plantas*, trad. Regina Silva. São Paulo: Ubu Editora, 2019. [N. T.]

O número e a variedade de instrumentos por meio dos quais as sementes se espalham no meio ambiente são impressionantes. No decorrer da evolução, é como se toda possibilidade tivesse sido levada em consideração e, de vez em quando, cada uma das soluções testadas tivesse encontrado algumas espécies prontas para adotá-la.

Assim, há sementes espalhadas pelo vento, ou rolando pelo chão; espalhadas pelos animais em geral ou por grupos específicos, como formigas, pássaros, mamíferos; pelos animais por ingestão ou agarradas em seus pelos; espalhadas pela água ou pela simples queda da planta; espalhadas pela ondulação da planta-mãe ou graças a mecanismos de propulsão; pela dessecação do fruto ou, ao contrário, pela hidratação, e sabe-se lá por quantas outras formas de que me esqueci. Todo ano descobrem-se diferentes e refinadas estratégias que as plantas desenvolvem para aumentar as chances de germinação das sementes. Na variedade de formas, procedimentos e meios, pode-se vislumbrar a ação incessante do impulso para a propagação da vida, que as levou a colonizar todos os ambientes possíveis da Terra.

A história dessa expansão incontrolável é desconhecida da maioria das pessoas. Como as plantas convencem os animais a transportá-las ao redor do mundo; como algumas precisam de determinados animais para se disseminar; como puderam crescer em lugares tão inacessíveis e inóspitos a ponto de ficarem isoladas; como resistiram à bomba atômica e ao desastre de Tchernóbil; como são capazes de levar vida a ilhas áridas; como conseguem viajar através do tempo; como navegam pelo mundo – são apenas algumas das histórias contadas nas próximas páginas. Histórias de pioneiras, fugitivas, veteranas, combatentes, eremitas, senhoras da época, nos aguardam. Não vou prolongar a espera.

1

PIONEIRAS, VETERANAS E COMBATENTES

ESPÉCIE-TIPO SALGUEIRO-CHORÃO

DOMÍNIO EUCARIOTA

REINO PLANTAE

DIVISÃO MAGNOLIOPHYTA

CLASSE MAGNOLIOPSIDA

ORDEM SALICALES

FAMÍLIA SALICACEAE

GÊNERO SALIX

ESPÉCIE SALIX BABILONICA

ORIGEM CHINA

DIFUSÃO MUNDIAL

PRIMEIRA APARIÇÃO NA EUROPA SÉCULO XVII

Para mim, a palavra "pioneiro" evoca a conquista do Oeste e os cenários aventurescos das fronteiras norte-americanas. Acredito que não seja o único. Alguém diz "pioneiro" e é como se um interruptor se acendesse na minha cabeça e iluminasse as fisionomias de Gregory Peck, John Wayne, James Stewart, Eli Wallach, Richard Widmark, Lee Van Cleef, Henry Fonda, Debbie Reynolds e, é claro, Karl Malden, com o nariz grande e quebrado, do incrível elenco de *A conquista do Oeste*. Para mim, "pioneiro" é sinônimo de histórias de Salgari[1] e faroestes, nada mais. Outros, não muitos, vão se lembrar de unidades militares especiais que desde a Antiguidade abriam estradas e preparavam o caminho para a passagem das tropas, mas muito poucos vão associar a palavra às plantas, talvez ninguém.

É uma grande injustiça. As plantas deveriam ser a primeira imagem que nos ocorre quando se fala de pioneiros, não os astros de faroeste de Hollywood ou a engenhosidade militar. Com todo respeito aos heróis de nossa juventude, nenhum outro grupo de organismos se compara a elas em termos de capacidade de colonização. Ainda mais se nossa acepção do termo "pioneiro" incluir organismos habilitados a preparar o caminho para a colonização posterior de outros seres vivos: nesse sentido, as plantas devem ser consideradas organismos pioneiros por excelência. Não há ambiente terrestre em que os vegetais (aqui entendidos no sentido mais amplo de organismos capazes de operar a fotossíntese) não tenham se mostrado capazes de criar raízes, levando a vida. Das gelei-

---

1 Emilio Carlo Giuseppe Maria Salgari (1862–1911) foi um escritor italiano de romances de aventura muito populares. É o criador do célebre Sandokan, personagem de inúmeras histórias, posteriormente adaptadas para o cinema, séries de TV, desenhos animados e histórias em quadrinhos. [N. T.]

ras das regiões polares aos desertos mais escaldantes, dos oceanos aos picos mais elevados, eles conquistaram tudo e continuam a realizar suas conquistas sempre que há oportunidade para tanto.

Tenho certeza de que muitos de nós já tivemos a ocasião de observar – espero que com admiração – a capacidade das plantas de cobrir em pouco tempo qualquer tipo de terreno, conquistando novos territórios ou, mais frequentemente, reconquistando-os para a natureza, de forma lenta mas incessante. Anos atrás, não muito longe do meu laboratório no Centro de Ciências da Universidade de Florença, um antigo depósito do Exército foi evacuado de um dia para o outro, no âmbito das reorganizações regulares das Forças Armadas, e ficou completamente abandonado. A proximidade do meu laboratório, aliada a anos de observação e cobiça imaginando que aquela área poderia abrigar uma estrutura magnífica onde estudar e experimentar métodos inovadores de agricultura urbana, me fizeram acompanhar atenta e minuciosamente a ocupação das plantas. Pela primeira vez, com dor no coração (durante muito tempo tive a esperança de que no fim eu de fato poderia construir um laboratório ali), pude constatar a velocidade, a eficiência e, num certo sentido, as estratégias que permitiram às plantas reivindicar de volta sua propriedade. Dois anos depois do abandono, todo o muro ao redor do quartel estava coberto por mais de vinte espécies diferentes: alcaparras (*Capparis spinosa*), bocas-de-leão (*Antirrhinum majus*), muitas parietárias (*Parietaria judaica*), algumas pequenas samambaias (*Asplenium ruta-muraria*).[2] Em suma,

---

2 O nome *Asplenium* deriva do grego *splen*, "baço". Nos tempos antigos, essas samambaias eram usadas como remédio para doenças do baço. Até mesmo a palavra *spleen*, a famosa "angústia existencial" ligada à natureza sensível dos poetas, celebrada por

um pequeno jardim botânico vertical, com muitas histórias para contar.

Entretanto, na junção entre a base do muro e a rua, desde os primeiros meses uma rica vegetação arbórea cavou seu espaço vigorosamente. Árvores-do-céu (*Ailanthus altissima*) e uma árvore-da-imperatriz (*Paulownia tomentosa*) – esta última decerto oriunda das sementes de uma que plantei anos atrás e da qual gosto muito, senhora de toda a área ao redor do meu laboratório – brotaram em todos os lugares e logo se tornaram poderosas, derrubando pedaços robustos do muro que cercava o terreno. Uma figueira comum (*Ficus carica*), germinada numa fenda do asfalto da rua, é hoje uma árvore magnífica, cuja copa cobre uma guarita entalhada no muro espesso. E então obviamente desponta a trepadeira (*Convolvulus arvensis*) para cobrir um pouco de tudo, e a bardana-maior (*Arctium lappa*), que não cansa de pegar carona nas demais. Hoje, passados quinze anos da retirada do depósito militar, poucas estruturas ainda resistem ao ataque das plantas: um edifício de concreto armado, um pátio de cimento que, ao que parece, é capaz de repelir ataques e, por fim, uma enorme cisterna de metal que, depois de anos de resistência obstinada, recentemente começou a dar os primeiros sinais de rendição iminente. Em pouco tempo as plantas tiveram êxito na tentativa de recuperar uma área que parecia impermeável à vida. Um sucesso notável, mas que não é nada se comparado às grandes epopeias de conquistas que elas protagonizaram.

Charles Baudelaire, vem da palavra *splen*. De acordo com a teoria dos humores de Hipócrates, a bile negra produzida pelo baço levaria a um estado de inquietação, mal-estar e tédio. Com base nisso, parece que as pequenas samambaias de *Asplenium* são adequadas para o tratamento do *spleen*.

As pioneiras da ilha de Surtsey

No início de novembro de 1963, a quase cem quilômetros ao sul da Islândia e a 130 metros de profundidade no oceano Atlântico Norte, uma erupção começou a lançar magma quente no fundo do mar. Naquela profundidade, a densidade e a pressão decorrentes da coluna d'água deveriam impedir a ocorrência de emissões vulcânicas ou explosões. Com o passar dos dias e o acúmulo de materiais que elevaram o nível do fundo do oceano, as atividades vulcânicas tornaram-se mais vigorosas. De 6 a 8 de novembro, a estação de pesquisa sísmica de Kirkjubæjarklaustur, na Islândia (onde mais, com esse nome), identificou uma série de tremores fracos provenientes de um epicentro a uma distância de 140 quilômetros a sudeste de Reykjavik. Em 12 de novembro, durante todo o dia os habitantes da cidade costeira de Vík foram perturbados por um forte cheiro de sulfeto de hidrogênio. Em 13 de novembro, um barco de pesca de arenque, equipado com instrumentos científicos de ponta e próximo ao ponto da erupção subaquática, verificou que a temperatura do mar era 2,4°C mais alta do que o normal.

Às 7h15 UTC do dia 14 de novembro de 1963, os marinheiros do *Ísleifur II*, em navegação naquelas mesmas águas, foram as primeiras testemunhas oculares de erupções explosivas. Alertados pelo cozinheiro, que avistara uma coluna de fumaça vinda de uma área não especificada no meio do mar, eles se aproximaram para prestar ajuda ao que pensavam ser um navio em perigo.[3] Às onze horas do mesmo dia, a coluna de fumaça e as cinzas haviam atingido vários quilômetros de altura, e três aberturas eruptivas separadas emergiram da

3 Robert Decker e Barbara Decker, *Volcanoes* [1989]. New York: Freeman, 1997.

água. À tarde, as três aberturas fundiram-se numa única fissura eruptiva. Apenas alguns dias, e a 63,303°N e 20,605°O, uma nova ilha, com cerca de quinhentos metros de comprimento e 45 metros de altura, somou-se às demais do arquipélago de Vestmannaeyjar.[4] A ilha recebeu o nome de Surtsey – de Surtr, o gigante do fogo da mitologia escandinava que um dia retornará ao mundo para incendiá-lo com sua espada de fogo. As erupções continuaram até 5 de junho de 1967. Nessa data, a ilha atingiu sua extensão máxima, de aproximadamente 2,7 quilômetros quadrados. Desde então a erosão marinha tem diminuído constantemente sua superfície – em 2012 ela já havia se reduzido a pouco menos da metade (1,3 quilômetro quadrado).

O destino de Surtsey parece selado. A erosão vai consumi-la gradualmente e em cerca de cem anos a ilha vai desaparecer nas águas de onde emergiu. Uma vida breve, mas longa o bastante para durar para sempre na história da ciência. Graças a esse laboratório natural raro, aliás, pela primeira vez foi possível estudar, em escala relativamente pequena e com técnicas e ferramentas próprias da pesquisa moderna, todos os elementos que, a partir de um substrato estéril e inerte, contribuíram para a formação de um ecossistema completo. Depois que a lava emergiu da água e percebeu-se que a ilha não seria um fenômeno efêmero, como já havia acontecido em outras ocasiões,[5] a comunidade científica começou a se pôr a postos

---

4   Sigurdur Thorarinsson, "The Surtsey Eruption: Course of Events and the Development of the New Island". *Surtsey Research Progress Report*, n. 1, 1965, pp. 51–55.

5   Um caso famoso é o da ilha Ferdinandea, que surgiu na costa da Sicília em 1831, após uma erupção submarina. A ilha cresceu até atingir quatro quilômetros quadrados de superfície e 65 metros de altura, mas não existiu por muito tempo. Composta de um material

para acompanhar a implantação e o desenvolvimento da vida. Em 1965, quando a fase eruptiva ainda estava em pleno andamento, Surtsey foi declarada reserva natural por razões científicas e ninguém, salvo pouquíssimos cientistas, podia ter acesso a ela. Cinzas, pedra-pomes, areia e lava esperavam ser invadidas pela vida.

Não demorou muito. As plantas chegaram na primavera seguinte ao início da erupção. Em 1965, a primeira planta vascular, uma *Cakile arctica*, crescia numa praia arenosa na ilha. As *Cakile* são surpreendentes. Pequenas, reservadas, nada vistosas, à primeira vista sem interesse, são o oposto do que sua aparência sinaliza. Verdadeiras lobas do mar, pioneiras duronas, presentes em todas as latitudes, elas vivem ao longo das costas e são capazes de enfrentar longas viagens marítimas e sobreviver sem nenhuma fonte de água doce. Todas as espécies pertencentes ao gênero *Cakile*, na verdade, são halófitas (do grego *alas*, "sal", e *phyton*, "planta"), ou seja, dotadas de modificações particulares, tanto anatômicas como fisiológicas, que as habilitam a crescer usando a água do mar, em condições impossíveis à sobrevivência de outras espécies.[6]

Mas não é só isso. A evolução foi pródiga com as *Cakile*, ao lhes fornecer um kit de sobrevivência a seu alcance. Um pouco como o potente Aston Martin de James Bond, essas plantas podem contar com um arsenal de artifícios capazes de lhes garantir uma performance extraordinária. Um dos meus favoritos é o método muito especial que elas têm de espalhar suas sementes. Quando estão maduras, a vagem que as contém se abre ao meio; metade cai perto da planta-mãe,

---

rochoso eruptivo muito suscetível à erosão pela ação das ondas, a ilha Ferdinandea submergiu em janeiro de 1832.

6   As halófitas são bastante raras: menos de 2% das plantas têm essa capacidade.

enterrando-se na areia e garantindo que algumas sementes tenham boas chances de germinar;[7] a outra metade é levada pelo mar. As sementes apresentam excelente flutuabilidade e podem permanecer por anos na água, até as correntes marítimas as depositarem em alguma praia distante para que se irradiem. Foi assim que, na corrida por chegar à ilha de Surtsey, a *Cakile arctica* conseguiu superar todos os concorrentes.[8]

O trabalho de recenseamento posterior à colonização de Surtsey logo deu resultados inesperados. Ninguém imaginava, por exemplo, que um dos vetores pelos quais algumas sementes chegaram à ilha pudessem ser ovas de peixe. Para ser mais exato, as cápsulas típicas que contêm ovas de arraia (*Raja batis*) transportaram, como convidadas inesperadas, sementes de várias espécies herbáceas. Independentemente dos meios de transporte originais, a maior parte das sementes alcançou a ilha por meio do vento, das águas ou dos pássaros. As escrevedeiras-da-neve (*Plectrophenax nivalis*), por exemplo, passarinhos simpáticos bastante apegados a climas rigorosos, ao migrarem da Escócia para a Islândia contribuíram de maneira ativa para a disseminação de plantas na ilha, transportando na própria moela (o estômago triturador dos pássaros) as sementes que passaram ilesas por seu sistema digestivo e conseguiram germinar satisfatoriamente. Esse foi o modo pelo qual as plantas *Polygonum maculosa* (um belo arbusto

---

7 Jonathan Sauer, *Plant Migration. The Dynamics of Geographic Patterning in Seed Plant Species*. Berkeley: University of California Press, 1988.

8 Thomas D. Brock, "Primary Colonization of Surtsey, with Special Reference to the Blue Green Algae". *Oikos*, n. 24, 1973, pp. 239–43.

cosmopolita) e *Carex nigra*[9] (uma gramínea do pântano) chegaram à ilha já em 1967. Até aves marinhas como as gaivotas, que não costumam se alimentar de matéria vegetal, às vezes se nutriram de plantas em áreas áridas distantes e transportaram suas sementes para a ilha, contribuindo efetivamente para o desembarque de novas espécies. Por fim, os gansos: ao lançar seus excrementos do alto, de passagem por Surtsey, revelaram-se vetores excepcionais, capazes de depositar na ilha grande variedade de sementes revestidas com fertilizante natural e, portanto, nas melhores condições para germinar.

De todas as espécies de plantas vasculares registradas na ilha, 9% foram transportadas pelo vento; 27% pelo mar, e as demais 64% por pássaros.[10] No fim de 1998, o primeiro exemplar de espécie arbórea, uma *Salix phylicifolia*, finalmente criou raízes na ilha. Em 2008, 45 anos após seu nascimento, Surtsey contava com 69 espécies de plantas, das quais trinta já eram consideradas permanentes. Ainda hoje, outras espécies continuam a chegar, numa média de duas a cinco por ano.

Combatentes de Tchernóbil

O desastre de Tchernóbil é uma catástrofe de que o homem jamais esquecerá. Imagino que, mesmo entre meus leitores mais jovens, são poucos os que desconhecem o que se passou.

---

9   Sturla Fridriksson e Haraldur Sigurdsson, "Dispersal of Seed by Snow Buntings to Surtsey in 1967". *Surtsey Research Progress Report*, n. 4, 1968, pp. 43–49.

10   S. Fridriksson, "Plant Colonization of a Volcanic Island, Surtsey, Iceland". *Arctic and Alpine Research*, n. 19, v. 4, 1987, pp. 425–31.

No entanto, para não deixar dúvidas e refrescar a memória de todos, segue um breve resumo dos fatos conhecidos.

À 1h23 (hora local) de 26 de abril de 1986, o reator número 4 da usina nuclear Vladimir Ilyitch Lênin, localizado a dezoito quilômetros da cidade de Tchernóbil, na Ucrânia (na época ainda parte da União Soviética), explodiu em decorrência de uma série de causas atribuíveis a graves defeitos de construção e à leviandade sem precedentes do pessoal técnico, responsável por numerosas violações dos protocolos de segurança. Depois de um erro durante alguns testes, o aumento repentino da temperatura no interior do núcleo do reator provocou a separação da água em hidrogênio e oxigênio. O contato entre o hidrogênio e o grafite incandescente das hastes de controle (que regulam a reação de fissão nuclear) causou uma explosão assustadora, forte o suficiente para estourar o disco de cobertura, que pesava mais de mil toneladas, pertencente ao cilindro hermeticamente selado que continha o núcleo do reator. O incêndio motivado pela explosão espalhou na atmosfera uma quantidade extraordinária de isótopos radioativos que se depositaram na área mais próxima ao redor da central e, em parte, por meio das correntes de grande altitude, chegaram à Europa (a todos os lugares, exceto Espanha e Portugal) e à América do Norte.

Foi o primeiro acidente nuclear da história classificado como nível 7 – o mais perigoso. O segundo foi o da usina nuclear de Fukushima, em 11 de março de 2011. As vítimas diretas da catástrofe de Tchernóbil foram 57, mas as pessoas que, depois da exposição a isótopos radioativos, desenvolveram patologias fatais nos anos seguintes somam um número da ordem de várias dezenas de milhares. As estimativas variam entre 30 mil e 60 mil no relatório oficial das Nações Unidas a mais de 6 milhões estimados pelo Greenpeace. Por causa do acidente, toda a cidade de Tchernóbil e uma grande área ao redor da central foram completamente evacuadas, e mais de 350 mil pessoas tiveram que ser "reassentadas" em outras regiões da União Soviética. A área evacuada, a chamada "zona de alienação" ou "zona de exclusão", um raio de trinta quilômetros da usina, foi totalmente blindada e o acesso a ela foi proibido por décadas.

Os efeitos dessa catástrofe foram tão devastadores que ainda hoje, passados mais de trinta anos, só temos uma vaga ideia das consequências do ocorrido e de quanto tempo teremos de esperar antes que tudo volte ao normal.

Também as plantas foram, evidentemente, submetidas à poeira radioativa nos dias seguintes à explosão, e as consequências foram igualmente catastróficas para elas. Calculou-se que, nas primeiras semanas após o acidente, 60% a 70% dos isótopos radioativos liberados no meio ambiente se depositaram nas plantas das florestas circundantes. Parte considerável dessas florestas, no interior da zona de alienação e formada sobretudo por pinheiros-silvestres, morreu de imediato, e o vermelho substituiu o verde, dando origem ao fenômeno conhecido como "floresta vermelha". Em 2011, tal fenômeno se repetiu após o acidente de Fukushima.

Passados os efeitos dramáticos da primeira exposição a altas doses de radioatividade, as plantas encontraram formas de sobreviver e se adaptar a essas condições aparentemente incompatíveis com a vida.

O que aconteceu na zona de exclusão é inimaginável. Esse espaço inacessível ao ser humano é hoje um dos territórios de maior biodiversidade da ex-União Soviética. O homem parece ser muito mais prejudicial do que a radiação. A ausência de atividade humana nessas áreas criou uma enorme reserva natural involuntária. Apesar da radiação, plantas e animais voltaram em grande número, com variedade muito superior à do passado. Hoje na zona de exclusão podem ser encontrados linces, guaxinins, veados, lobos, cavalos-de-przewalski, pássaros de várias espécies, alces, raposas-vermelhas, texugos, doninhas, lebres, esquilos e até mesmo o urso-pardo, desaparecido havia mais de um século.

E as plantas? É óbvio que elas aprontaram muito mais e melhor do que os animais. A cidade de Prípiat, dentro da zona de exclusão, ficava a três quilômetros do reator que explodiu. Com cerca de 50 mil habitantes, era lá que morava a maioria dos trabalhadores da fábrica. Foi completamente evacuada.[11] Não faz muito tempo, vi uma reportagem fotográfica detalhada sobre a cidade nos dias de hoje. São imagens inacredi-

---

[11] Esta é a mensagem que todos os habitantes de Prípiat ouviram no dia da evacuação: "Atenção, atenção! Atenção, atenção! Atenção, atenção! Atenção! A Prefeitura informa que, após o acidente na usina nuclear de Tchernóbil, na cidade de Prípiat, as condições atmosféricas na região estão se mostrando nocivas e com altos níveis de radioatividade. O Partido Comunista, seus funcionários e as Forças Armadas estão, portanto, adotando as medidas necessárias. No entanto, para garantir a segurança total das pessoas, em especial das crianças, é necessária a evacuação temporária dos cidadãos para as cidades vizinhas na região de Kiev. Por isso, serão enviados hoje, 27 de abril, a partir das 14h, ônibus sob a supervisão de policiais e autoridades municipais. Recomenda-se trazer documentos, apenas objetos pessoais estritamente necessários e alimentos de primeira necessidade. Os altos dirigentes das instalações públicas e industriais da cidade estabeleceram a lista de funcionários que devem permanecer em Prípiat e garantir a normalidade da operação das empresas da cidade. Todas as residências, durante o período de evacuação, também serão supervisionadas pela polícia. Camaradas, ao deixar suas casas temporariamente, por favor, não se esqueçam de fechar as janelas, desligar todos os aparelhos elétricos e a gás e fechar o registro da água. Por favor, mantenham a calma, a ordem e a disciplina durante a realização desta evacuação temporária".

táveis: decorridos trinta anos do desastre, Prípiat está coberta de plantas. Uma espécie de Angkor Wat ucraniano. Choupos nos telhados dos edifícios, bétulas nos terraços dos edifícios, o asfalto arrancado pelos arbustos, estradas enormes de seis pistas transformadas em rios verdes.

A resposta das plantas ao desastre de Tchernóbil foi tão inesperada que surpreendeu até mesmo os funcionários. Infelizmente, a despeito do interesse que o fenômeno despertou, estudos científicos sérios a respeito são quase inexistentes. Em 2009, uma equipe da Academia Eslovaca de Ciências, liderada pelo prof. Martin Hajduch, realizou um experimento em Prípiat cujos resultados causaram muita discussão. A equipe semeou na cidade certa quantidade de soja e comparou seu crescimento e sua produção a um grupo equivalente de plantas cultivadas a mais de cem quilômetros da área contaminada. As plantas de soja em Prípiat cresceram muito mais, consumindo proporcionalmente menos água. Um artigo publicado posteriormente atribuiu esse resultado a uma série de proteínas que, presentes em maiores quantidades na plantas cultivadas na área contaminada, as teriam protegido dos efeitos nocivos da radiação.[12]

Embora tais resultados possam estar sujeitos a críticas, em parte relacionadas às dificuldades de comparar o crescimento em locais tão diferentes (independentemente da radiação), não há dúvida de que as plantas desenvolveram ao longo de sua história habilidades extraordinárias de resistência à adversidade.

Sabe-se que uma das virtudes mais surpreendentes de certas plantas é absorver radionuclídeos, retirando-os do meio

---

[12] Katarina Klubicová et al., "Proteomics Analysis of Flax Grown in Černobyl' Area Suggests Limited Effect of Contaminated Environment on Seed Proteome". *Environmental Science & Technology*, n. 44, v. 18, 2010, pp. 6940–46.

ambiente. Muitas conseguem realizar essa missão aparentemente impossível por meio de uma técnica denominada fitorremediação, e com frequência elas têm sido requisitadas para limpar o meio ambiente desses contaminantes.[13] Apesar de não ser muito rápida, essa técnica é a única possibilidade real de descontaminar solos poluídos por radionuclídeos. Todas as demais exigem o deslocamento do terreno e provocam poeira, razão pela qual são fortemente desaconselhadas em virtude dos riscos delas decorrentes. As quantidades de material radioativo absorvido podem variar muito, dependendo do clima, do terreno, da composição do solo etc.

Enfim, com o tempo as plantas absorvem o material radioativo e o retiram do meio ambiente, concentrando-o em seu interior. Isso vem acontecendo na zona de exclusão de Tchernóbil, o que acarreta problemas muito sérios. E se houvesse um incêndio nessas florestas? O material radioativo acumulado nas plantas durante os últimos trinta anos seria imediatamente liberado na atmosfera com consequências muito graves. É por isso que a prevenção de incêndio na zona de exclusão é uma das prioridades do governo ucraniano.

Os *Hibakujumoku* ou os veteranos da bomba atômica

Eu desconhecia a existência dos *Hibakujumoku* até alguns anos atrás, quando os descobri por acaso, durante uma de minhas visitas regulares a Kitakyushu, no Japão. Nessa

---

13 Dharmendra Kumar Gupta e Clemens Walther (orgs.), *Radionuclide Contamination and Remediation Through Plants*. Berlin-Heidelberg: Springer, 2014.

cidade existe uma sede do Linv[14] – a cargo do meu amigo, o prof. Tomonori Kawano –, e por muitos anos ela tem sido minha porta de entrada para o país e sua cultura. Sempre que vou tento reservar um tempo livre para aprender algo novo sobre esse império tão distante. Uma de minhas atividades preferidas é almoçar ou jantar sozinho em algum restaurante típico – não sei praticamente nada de japonês, exceto algumas formas muito simples de cortesia... e números, escritos e falados.

A culinária japonesa é tão variada e sofisticada que é muito difícil encontrar algo que me desagrade. Meu procedimento, portanto, consiste em tomar assento e indicar, de forma bastante aleatória, uma série de pratos escolhidos conforme minha admiração pelos caracteres que os representam. Normalmente são pratinhos com pequenas porções que em pouco tempo começam a se juntar na mesa em que me instalei, transformando-a em uma pequena obra de arte. Este é o meu momento favorito: experimentar a emoção do jogo, mas sem nenhum risco, exceto um, insignificante: de que me tragam algo que desagrade a meu paladar. Então começa o prazer da descoberta: o que é? Quais os ingredientes? Como terá sido cozido?

Em um desses jantares no escuro, me vi diante de um prato enigmático que resistia a todas as minhas tentativas de compreensão. Era uma espécie de saquinho esbranquiçado do tamanho de um ravióli, levemente frito, e que continha uma substância cremosa e com gosto de peixe. O sabor era delicioso e por isso, depois de consumir a primeira porção, prontamente pedi uma segunda para estudá-la com mais profundidade. Lembrava algo da cozinha italiana, mas não conseguia descobrir o quê. Quebrei a cabeça por um bom tempo,

---

14 O Linv é o laboratório internacional que fundei em 2005. Quem se interessar pode encontrar informações detalhadas em: linv.org.

em vão. Tentei até falar com o garçom, porém no Japão quase ninguém fala outra língua senão japonês. Desconsolado, estava pronto para ingerir a segunda porção, ignorando que alimento era aquele, quando algo inédito aconteceu. Uma daquelas coisas que me fazem adorar comer sozinho no Japão. Um senhor idoso, meu vizinho de mesa, me dirigiu a palavra. A situação em si mesma já era extraordinária. Em tantos anos de Sol Nascente, jamais alguém havia se dirigido a mim sem ser interpelado. Era sempre eu que tomava a iniciativa. Mas não parou por aí: aquele senhor falava um italiano perfeito e muito elegante, com um único tropeço, logo no início da conversa, quando, embaraçado, não conseguia encontrar as palavras para me dizer, sem me assustar, o que eu estava comendo.

"Veja, senhor, damos grande valor à reprodução da vida", ele começou, deixando-me um tanto desorientado. "Apesar de nossa cultura ser frequentemente conhecida no Ocidente por suas conotações agressivas, em nossa civilização há, na realidade, um forte componente de pampsiquismo" (ele disse assim mesmo). Por cortesia eu o tranquilizei, assegurando-o de que a conotação agressiva do Japão estava em vias de ser superada. Meu olhar, entretanto, deve ter permanecido perplexo. O que o pampsiquismo tinha a ver com o meu prato? Ele tentou outra vez: "Como resultado da presença da divindade em tudo, tradicionalmente tendemos a consumir toda e qualquer parte dos animais". Estávamos chegando mais perto. Então? "Então, esse prato que o senhor está consumindo, que aliás se chama *shirako*, e que é também um dos meus preferidos, é produzido com a linha germinal masculina de diferentes espécies marinhas."

— A linha germinal masculina? Quer dizer...
— Sim, como se chama em italiano?

— Esperma.

— Isso, exatamente.

Então era isso! Aquilo me lembrava o *lattume*, uma especialidade siciliana requintada feita de esperma de atum ou anchova, o equivalente macho da butarga. Saber que na Itália também consumíamos partes tão pouco nobres dos peixes (acho que por razões muito mais materiais do que relacionadas ao pampsiquismo) tranquilizou meu interlocutor. Nós nos apresentamos: ele era um diplomata aposentado. Ao longo de sua carreira, serviu como cônsul na Itália por muitos anos. Continuamos a conversar por um longo tempo e com visível prazer, até que, pouco antes de nos despedirmos, ele me disse: "Imagino que o senhor professor já deve ter tido a oportunidade de visitar nossos *hibakujumoku*", e deixou a frase no ar por alguns segundos. Respondi que nunca tinha ouvido falar deles e que sentia muito. O que quer que fossem os *hibakujumoku*, no Japão não é educado dizer que você ignora algo sem pedir desculpas por isso. O cônsul ficou impressionado com essa minha lacuna.

"Mas o senhor lida com plantas! Precisa encontrá-las." Ele disse exatamente "encontrá-las", tanto que pensei que fosse um grupo de pessoas que lidavam com plantas. Mas as palavras a seguir dissolveram minha suposição. "Os *hibakujumoku* são nossos sobreviventes à bomba atômica. Um hino vivo à força da vida." Eu sabia que no Japão os sobreviventes das bombas de Hiroshima e Nagasaki eram muito respeitados como testemunhas dessa atrocidade. Mas não conseguia entender por que ele fazia tanta questão de que eu os conhecesse. O mal-entendido não durou muito: "Não são homens, são árvores que foram expostas à bomba atômica.[15] No Japão,

---

15 O termo é composto de *hibaku*, "bombardeado, exposto à radiação nuclear", e *jumoku*, "árvore" ou "floresta".

todos que as conhecem as respeitam. Eu, pessoalmente, sou apaixonado por elas. O senhor também deveria conhecê-las. Permita-me fazer uma proposta: Hiroshima fica apenas a algumas horas de trem; se quiser, posso acompanhá-lo nos próximos dias. Por favor, me diga se o convite o agrada. Desde que minha esposa morreu, meus dias têm sido muito vazios". Agradeci de coração e aceitei prontamente.

Dois dias depois, cada um munido de seu *bento*,[16] como dois amigos que viajam juntos, nos encontramos cedo na frente da estação de Kokura, prontos para nossa viagem a Hiroshima. Em pouco mais de uma hora e meia chegamos a nosso destino e dez minutos depois eu "encontrava" meus primeiros *hibakujumoku*. O cônsul me guiou por um jardim magnífico – cujo nome infelizmente esqueci – até três árvores que sobreviveram à bomba. Lembro muito bem delas: um ginkgo (*Ginkgo biloba*), um pinheiro-negro japonês (*Pinus thunbergii*) e um *muku* (*Aphananthe aspera*), três árvores muito comuns em qualquer jardim clássico japonês. O ginkgo estava visivelmente inclinado em direção ao centro da cidade; o pinheiro-negro tinha uma cicatriz considerável em seu tronco, mas no geral estava bem. Árvores normais na aparência, não fosse o evidente sentimento de respeito e, eu diria, de carinho que despertava em todos que estavam lá para "encontrá-las". Um senhor e uma senhora idosos (provavelmente marido e mulher), sentados em cadeiras pequenas, portáteis, de frente para o ginkgo, estavam entretidos em uma longa conversa com a árvore. Um garoto rapidamente a abraçou antes de continuar sua caminhada. Qualquer um que passasse pelas árvores parecia conhecê-las bem, e muitos, de crianças a idosos, cur-

---

16 O *bento* é um recipiente, tradicionalmente feito de madeira, com tampa, contendo uma refeição completa, para ser consumida em casa ou ao ar livre. É um objeto de uso diário no Japão.

vavam-se em reverência. A única característica que distinguia cada *hibakujumoku* das outras árvores era uma plaquinha amarela. Perguntei ao cônsul o que estava escrito.

"Vou tentar traduzir para o senhor. Diz mais ou menos que estamos diante de uma árvore que sofreu um bombardeio atômico. Em seguida, identifica a espécie vegetal e, por fim, registra a distância do epicentro da explosão", ele disse, apontando para o rio. "A explosão aconteceu ali onde o rio se bifurca, a exatamente 1370 metros daqui."

Naquele dia visitei muitos *hibakujumoku* de Hiroshima, aproximando-me aos poucos do lugar onde, pela primeira vez, uma bomba atômica foi atirada contra uma população indefesa. Lembro de outro ginkgo magnífico no pátio do templo Hosenbo, a 1130 metros. Uma canforeira (*Cinnamomum camphora*) no interior do quadrilátero do castelo de Hiroshima, a 1120 metros. Um azevinho-de-kurogane (*Ilex rotunda*) também no castelo, a 910 metros. Uma maravilhosa peônia (*Paeonia suffruticosa*) no templo Honkyoji, a 890 metros.

Mais perto do centro do desastre, os *hibakujumoku* começavam a escassear. No local onde estávamos, a temperatura no solo às 8h15 da manhã do dia 6 de agosto de 1945 havia excedido 4000°C, provavelmente atingira 6000°C. O cônsul me levou para ver a sombra (literalmente) impressa nas escadas do Banco Sumitomo, deixada pela vaporização da sra. Mitsuno Ochi, então com 42 anos, surpreendida pela explosão enquanto esperava o banco abrir. Nenhuma esperança de que algo pudesse ter sobrevivido a tamanha destruição. Disse isso ao cônsul, que respondeu com um sorriso: "Homem de pouca fé. A vida sempre vence! Siga-me". Viramos a esquina e nos encontramos de novo ao longo do rio Honkawa. A "Cúpula da Bomba Atômica", o único edifício que não veio abaixo – hoje preservado como Memorial da Paz –, e que por convenção marca o local do epicentro, erguia-se à minha frente, a menos de quatrocentos metros de onde estávamos; ali também, à nossa frente, à margem do rio, encontrava-se o campeão dos *hibakujumoku*, um salgueiro-chorão (*Salix babilonia*) que voltou a crescer a partir das raízes que haviam permanecido vivas no subsolo. Sua plaquinha indicava que ele estava a 370 metros do epicentro.

Na viagem de volta, o cônsul insistiu em me convidar para jantar em uma taberna que ele conhecia. Aceitei de bom grado. Foi uma noite divertida e bebemos muito, como costuma acontecer entre amigos no Japão. Ao comentar os "encontros" em Hiroshima, uma coisa me intrigava. Toda vez que o cônsul falava dos *hibakujumoku*, ele os definia como "árvores que sofreram uma explosão atômica", e essa longa circunlocução soava engraçada e um pouco fora de sintonia de seu domínio, de resto perfeito, do italiano. Então arrisquei: "Desculpe, cônsul, pòr que o senhor insiste em dizer que os *hibakuju-moku* são 'árvores que sofreram uma explosão atômica'? Não seria mais fácil dizer 'sobreviventes'?".

Esta foi sua explicação: "A questão é mais complexa do que parece, professor. A razão está no nome como nos referimos aos, como se diz, sobreviventes à bomba. Deles, dizemos que são *hibakusha*, literalmente 'pessoa exposta à bomba'. Há um motivo para isso, o senhor vai ver. Não dizemos que são 'sobreviventes' porque senão estaríamos exaltando os que permaneceram vivos, e assim ofenderíamos inevitavelmente os muitos mortos daquela tragédia. Por isso os *hibakuju-moku* são chamados do mesmo modo. Imagino que isso lhe pareça estranho, mas garanto que todo *hibakusha* fica feliz com essa designação e não suportaria ser chamado de 'sobre-vivente'". Sugeri a palavra *reduci*, "veteranos", em italiano. Ele não a conhecia e gostou muito. "Muito obrigado por me ensinar isso. Parece muito bom. Vamos brindar aos nossos amigos veteranos."

À saída do restaurante, insisti em acompanhá-lo durante o breve trajeto até sua casa. Apesar de não demonstrar a idade, o cônsul tinha mais de oitenta anos e havia bebido muito. À porta de sua casa, nos despedimos. Violando todas as regras de etiqueta do país, e em virtude de seus muitos anos passados na Itália, ele me abraçou. Olhou-me nos olhos, grave, e disse: "Fale sobre os *hibakujumoku*, torne-os conhecidos. E venha visitá-los de novo". Então se calou, indeciso se continuava ou não. "Preciso lhe contar uma coisa. Eu também sou um *hibakusha*. Tinha sete anos quando a bomba acabou com minha família e com todos que eu conhecia. Só escapei porque a sala de aula da escola primária onde estudava estava protegida por uma cortina de árvores. Eu e mais quatro colegas fomos os únicos *veteranos* dessa escola. Éramos 120 crianças."

Ele pensou um momento, sorriu para mim uma última vez e, virando-se para entrar em casa, me agradeceu novamente pela companhia.

2

FUGITIVAS E CONQUISTADORAS

ESPÉCIE-TIPO PENNISETO

DOMÍNIO EUCARIOTO

REINO PLANTAE

DIVISÃO MAGNOLIOPHYTA

CLASSE LILIOPSIDA

ORDEM POALES

FAMÍLIA POACEAE

SUBFAMÍLIA PANICOIDEAE

TRIBO PANICEAE

GÊNERO *PENNISETUM*

ESPÉCIE *PENNISETUM SETACEUM*

ORIGEM NORTE DA ÁFRICA

DIFUSÃO MUNDIAL

PRIMEIRA APARIÇÃO NA EUROPA SÉCULO XX

O impulso de expansão da vida não pode ser contido. Por isso não se sustenta a ideia de confinar uma espécie vegetal em recintos como jardins botânicos ou estufas. Não obstante, insistimos nisso o tempo todo, porém mais cedo ou mais tarde as plantas conseguem escapar, recuperando a oportunidade de dar prosseguimento a sua difusão.

A maior parte das espécies, animais ou vegetais, que hoje consideramos invasivas, adquiriram essa fama ao fugir de lugares nos quais o homem acreditava poder mantê-las enclausuradas. Para ser mais exato, não apenas as espécies atualmente classificadas como invasoras, mas a maioria das plantas que constituem nosso meio ambiente sempre foi migrante, há pouco ou muito tempo. As plantas percebidas como parte do patrimônio cultural são apenas estrangeiras bem adaptadas.

O milho, por exemplo, oriundo do México,[1] alimentou as pessoas do Vale do Pó por gerações. Ou o tomate e o manjericão, plantas de destaque na cultura alimentar italiana. Por acaso o prato nacional não é massa com molho de tomate e manjericão? Bem, o tomate (*Solanum lycopersicum*), espécie nativa de uma região entre o México e o Peru, foi introduzido na Europa por Hernán Cortés em 1540. E não tinha nada a ver com o tomate que conhecemos hoje. Quando chega à Itália, em 1544, seu fruto é amarelo, e Andrea Mattioli, em seu *Medici Senensis Commentarii*, o descreve como *mala aurea* – literalmente, "maçã dourada". Para ser aceito, o pobre tomate, como acontece com tantos migrantes, terá de passar por uma paleta de cores. E o sentido figurado é literal: enquanto não

---

1   Bruce F. Benz, "Archaeological Evidence of Teosinte Domestication from Guilá Naquitz, Oaxaca", *pnas*, n. 98, 2001, pp. 2104–06.

ficar vermelho,[2] será visto como suspeito, porque a princípio é considerado tóxico, depois de utilidade ornamental e, por fim, curativa. Apenas em 1572 se faz referência a uma variedade de tomate "fortemente vermelha". A partir desse momento, tudo se torna mais fácil: ficar vermelho era a parte mais difícil. O tomate começa a ser usado para fins alimentares. Mas devagarinho. Tanto que, para a primeira receita do prato nacional italiano se estabelecer, massa com molho de tomate, será necessário esperar até primeira metade do século XIX.

Uma longa jornada, a do tomate, embora simples se comparada à do manjericão, outro baluarte da gastronomia italiana. O manjericão (*Ocimum basilicum*), na verdade, também é estrangeiro. Vem do interior da Índia e chega à Europa com Alexandre Magno. Seu percurso até ser aceito tampouco foi fácil: perto do manjericão, o tomate foi recebido de braços abertos. Foi preciso esperar de 350 a.C. até o século XVIII até vê-lo em uma mesa italiana. Por mais de 2 mil anos, esse estrangeiro perfumado gozou de uma reputação duvidosa: Plínio, o Velho, em sua *História natural* o responsabilizou por estados de torpor e loucura; Nicholas Culpeper, médico e botânico britânico que viveu na primeira metade do século XVII, descreveu-o como um veneno.[3]

Vamos deixar de lado as plantas alimentícias ou qualquer outra que tenha sido introduzida com um uso específico. Para estas, as análises econômicas ou de utilidade, em última instância, sempre levaram em conta motivos de outra natureza. Quero ressaltar que, independentemente das espécies cultivadas, muitas plantas que hoje entendemos como parte da nossa

---

2 "Ficar vermelho" no sentido de se mostrar tímido, se envergonhar diante de algo ou alguém.

3 *The English Physician Enlarged or an Astrologo-Physical Discourse of the Vulgar Herbs of This Nation*, 1652.

flora nativa não o são, em razão de serem originárias de áreas muito distantes.

Portanto, por que insistimos em chamar de *invasoras* todas essas plantas que ocuparam novos territórios com sucesso? A bem da verdade, as plantas invasoras de hoje são a flora nativa do futuro, assim como as espécies invasoras do passado são hoje parte fundamental de nossos ecossistemas. Gostaria que este conceito ficasse claro: as espécies que hoje consideramos invasoras são as nativas de amanhã. Ter essa regra em mente evitaria muitas bobagens para limitar sua expansão.

As características que levam uma planta a ser classificada como invasora são inúmeras:[4] capacidade de espalhar suas sementes; crescimento muito rápido; habilidade em alterar a forma em função das condições ambientais;[5] tolerância a inúmeros tipos de estresse; capacidade de se associar aos humanos. Em geral, trata-se de características que tornam uma espécie eficiente, flexível e resistente, capaz de resolver os problemas que qualquer nova situação ambiental possa apresentar. Resumindo, são qualidades que descrevem a inteligência. Não tenho dúvidas quanto a isso. É por essa razão que as espécies que se adaptam a novos ambientes são aquelas que mais amo. As mais interessantes e as que têm estratégias que merecem ser conhecidas. A seguir, falaremos sobre três fugitivas incapturáveis.

---

4 Cynthia S. Kolar e David M. Lodge, "Progress in Invasion Biology: Predicting Invaders". *Trends in Ecology & Evolution*, n. 16, v. 4, 2001, pp. 199–204.

5 A expressão correta para definir essa capacidade é "plasticidade fenotípica".

De ilha em ilha

Senecio squalidus: embora o nome não soe muito atraente, é uma plantinha elegante e graciosa, da família de plantas com flores *Compositae* ou *Asteraceae*, que se orgulha de ter o maior número de espécies: 32 913, divididas em 1 911 gêneros.[6] Apenas o gênero *Senecio*, ao qual pertence a protagonista de nossa história, agrupa mais de mil espécies vegetais diferentes. O nome do gênero, do latim *senex*, "antigo", refere-se ao característico papilho[7] formado por uma penugem esbranquiçada, com todos os pelos do mesmo comprimento. O nome da espécie, no entanto, *squalidus*, deve-se a Lineu, que a batizou assim em seu *Species plantarum* de 1753. Essa espécie híbrida, de uma graça indiscutível, originária das encostas do vulcão Etna, nasceu provavelmente da união de *Senecio aethnensis* e *Senecio chrysanthe mifolius*.[8] Medindo entre trinta e cinquenta centímetros de altura, com folhas lanceoladas e lindas flores amarelas reunidas em copas, essa plantinha – partindo das encostas do Etna – conseguiu conquistar toda a Grã-Bretanha. Entender como ela fez isso é fundamental. Ao estudar seu irreprimível impulso expansionista, podemos obter elementos importantes que determinaram seu triunfo. É possível medir, por exemplo, a velocidade de difusão – desde que tenha havido, como é

---

6   Como se pode verificar em *The Plant List* (theplantlist.org), site idealizado e mantido por duas das principais instituições botânicas do mundo: o Royal Botanic Gardens, Kew, e o Missouri Botanical Garden.

7   Papilho é aquele apêndice penugento típico de algumas frutas e sementes cuja função principal é favorecer a dispersão das sementes pela ação do vento.

8   Stephen A. Harris, "Introduction of Oxford Ragwort, *Senecio squalidus* L. (*Asteraceae*), to the United Kingdom". *Watsonia*, n. 24, 2002, pp. 31–43.

muito comum, uma fase inicial de latência –, os efeitos na flora e na fauna locais etc., mas, acima de tudo, a ocorrência de mudança evolutiva das populações e a identificação dos traços que promoveram sua difusão. Não é surpreendente, portanto, que nossa plantinha catapultada da Sicília para a Grã-Bretanha, e da qual existem registros detalhados, tenha se tornado um modelo para o estudo desses fenômenos.

O primeiro a notá-la e descrevê-la foi um botânico siciliano de meados do século XVII: Francesco Cupani, frade franciscano educado na escola de outro frade siciliano, o monge cisterciense Paolo Boccone, de Palermo – professor de botânica em Pádua e depois botânico da corte do grão-duque da Toscana Ferdinando II –, grande defensor da necessidade de modernizar a taxonomia do mundo. Com um professor desses, era inevitável que também Cupani, para maior glória de Deus, desenvolvesse pela botânica um amor incondicional, forte o bastante para motivá-lo a iniciar um empreendimento ciclópico e complexo como a catalogação e a descrição de toda a flora siciliana, uma das mais ricas da Europa. Para realizar essa tarefa e ter um local onde guardar alguns exemplares vivos das espécies que classificava, Cupani, com o apoio financeiro do duque de Misilmeri, Giuseppe del Bosco Sandoval, fundou em 1692, em Misilmeri, não muito longe de Palermo, um jardim botânico que no curto período de tempo de sua vida[9] se tornou célebre em toda a Europa. Na busca incessante por todas as espécies sicilianas, Cupani obviamente acabou encontrando nosso *Senecio squalidus*. Como todas as outras espécies coletadas, essa também foi transferida e propagada no jardim botânico de Misilmeri. O frade alojou plantas sicilianas ao lado de outras provenientes do mundo todo e as classificou seguindo

9 Em 1795, após a fundação do jardim botânico de Palermo, foram transferidas para lá mais de 2 mil plantas do horto de Misilmeri.

uma nomenclatura binomial, antecipando aquela que só se espalharia muitos anos depois graças a Lineu. Como qualquer outro jardim botânico que se preze, também o de Misilmeri, com o objetivo de enriquecer ao máximo suas coleções, iniciou uma forte campanha de relações e intercâmbios com seus pares. É razoável supor, mas de todo é hipótese minha, sem nenhuma evidência documental, que, como parte dessas relações com jardins estrangeiros, Francesco Cupani tenha conhecido William Sherard, um ilustre botânico inglês, a quem teria doado sementes de *Senecio squalidus* para sua coleção. O que quer que tenha acontecido, no ano de 1700, mais ou menos na mesma época em que Sherard atuou como tutor da duquesa de Beaufort, *Senecio squalidus* instala-se alegremente nos jardins ducais da família em Badminton. Alguns anos, ou talvez meses, mais tarde, nosso híbrido siciliano é introduzido pelo *horti praefectus* Jacob Bobart, o Jovem, no Jardim Botânico de Oxford, uma plataforma de lançamento para a invasão da Grã-Bretanha.

Senecio squalidus, vale lembrar, é nativo de áreas vulcânicas de cinzas e lava das encostas do Etna. Trata-se, portanto, de uma planta muito rústica e apta a viver com poucos recursos. Seus habitats favoritos na cidade são as muralhas, as ruínas, os pátios, enfim, todos aqueles lugares de que normalmente outras espécies de plantas não gostam. Em pouco tempo, nossa siciliana tornou-se uma residente bem conhecida de Oxford. Em 1794, não há muro de colégio que não tenha espécimes de *Senecio squalidus*. Até as paredes da Biblioteca Bodleiana, o símbolo de Oxford, abrigam suas pequenas flores. A planta é definitivamente adotada por Oxford, que lhe confere o nome comum pelo qual é conhecida ainda hoje, em inglês: *Oxford ragwort*. Os primeiros espécimes começam a se espalhar nas proximidades da cidade, tomando posse de fazendas sem atividade e de paredes de prédios abandonados, o primeiro passo para uma expansão gradual em direção ao resto da Inglaterra. A conquista avança lentamente, até que a chegada da estrada de ferro muda de forma decisiva o destino da invasão.

Em 12 de junho de 1844, a Great Western Railways inaugura em Oxford uma estação que a liga a Londres. Nos anos seguintes, as três linhas ferroviárias vão pôr Oxford em contato com o resto da Grã-Bretanha. Nosso *Senecio* se encaixa muito bem no magnífico progresso da Revolução Industrial e está entre os primeiros e mais entusiasmados usuários das linhas ferroviárias. O cascalho assentado entre os trilhos e ao redor deles, visando impedir o crescimento de plantas, é irresistível, lembra muito a lava, as cinzas e a areia onde o *Senecio* cresceu em sua agora distante pátria. Nossa ervinha se encontra de repente em uma situação perfeita e livre de obstáculos para se espalhar rapidamente. De fato, a grande ajuda oferecida pela passagem frequente dos trens soma-se ao substrato ideal no qual o *Senecio* se desenvolve. Todas elas, aliás, graças aos filamentos brancos que estão na origem de seu nome (lembra do papilho?), se servem do vento e do movimento do ar para propagar suas sementes. A planta pode produzir durante o ano um número muito elevado de frutos, cujas sementes, transportadas pelo movimento do ar de cada trem que passa, estão prontas para se alastrar. Metro após metro, seguindo os trilhos da ferrovia, nossa siciliana vai à conquista do norte da Grã-Bretanha. Por volta do fim do século XIX, chega a muitos lugares daquela região; nos anos 1950, alcança o centro da Escócia, de onde, então, continua a se espalhar para o norte e em seguida para a Irlanda do Norte, nos últimos anos utilizando também a beira das rodovias.

O uso de meios de transporte humanos (trens e carros) como propulsores do voo de suas sementes confere ao *Senecio* uma vantagem adicional. Imagine que uma semente, por um motivo qualquer levada para muito longe, consiga se estabelecer em uma região distante daquela da sua população de origem. Suas chances de se estabelecer nesse novo território são escassas. Na verdade, em baixas densidades populacionais, é difícil para as plantas se reproduzir e depois se espalhar rumo a um novo local. Em geral, é necessário que uma espécie seja capaz de chegar reiteradamente ao mesmo lugar antes de poder se fixar nele. As repetições seguidas de movimentos em função de carros ou trens que trafegam de maneira contínua nas mesmas estradas oferecem ao *Senecio* as reiteradas ocasiões de que ele precisa para se fixar.

Irrefreável como a corrida do ouro – os documentos do Centro dos Registros Biológicos mostram graficamente o progresso da conquista –, ele ocupa toda a Grã-Bretanha. O avanço, no entanto, apresenta um traço misterioso e inexplicável. Apesar de sua habilidade e capacidade de fazer com que as circunstâncias atuem a seu favor, como pode uma espécie originária da Sicília não ser afetada pelo clima e o meio ambiente da Escócia e da Irlanda? O mistério não demora a ser descoberto. A plantinha, conforme seguia para o norte, aprendeu a hibridar com as espécies locais. Desde que os híbridos não sejam estéreis, essa estratégia é brilhante. Ao cruzar com as populações locais, o *Senecio* dá vida a uma série de cruzamentos sobre os quais a seleção natural pode agir. Dessa forma, adquire rapidamente os componentes genéticos necessários para se adaptar às novas condições ambientais. A partir desse momento, o *Senecio squalidus* não é mais uma planta siciliana: ele passa a ser anglo-siciliano. Seguindo o exemplo de outras dinastias conquistadoras, ele se naturaliza britânico e passa a fazer parte do novo ambiente. O invasor de ontem se tornou o nativo de hoje. Como queríamos demonstrar.

Bela Abissínia

Outra fugitiva com uma história encantadora é uma pequena migrante abissínia conhecida como *Pennisetum setaceum*. Trata-se de uma grama perene com pouco mais de um metro de altura, que produz uma espigueta plumosa e macia (daí o nome *setaceum*), muito linda, inicialmente rosa-escura, que com a maturação ganha nuances, iluminando-se em vários tons de rosa e transformando a planta em uma delicada sinfonia de cores. Enquanto o *Senecio squalidus* pode parecer a algumas pessoas não tão bonito quanto o é para mim, a beleza do capim-do-texas ou capim-chorão é inegável e universalmente reconhecida,[10] tanto que a espécie é cultivada como planta ornamental em boa parte do mundo. Na verdade, pode-se dizer que seu charme é o cavalo de Troia por meio do qual ela se expandiu para onde quer que as condições climáticas tenham se mostrado adequadas a seu status de filha da África subsaariana.

A história da fuga e conquista do *Pennisetum setaceum* lembra em alguns aspectos a do *Senecio squalidus*. Começando pelo cenário da ação: a Sicília. Só que, enquanto no caso do segundo a ilha representa a região de origem, para o primeiro ela é a região de conquista.

---

10 Uma variedade de *Pennisetum setaceum* chamada *rubrum* conquistou o mais cobiçado prêmio para plantas ornamentais: o Award of Garden Merit, concedido desde 1922 no Reino Unido. Antes da entrega dos prêmios, as plantas que participam do concurso são cultivadas por um ou dois anos nas condições climáticas da Grã-Bretanha. Os relatórios de teste estão disponíveis em brochuras e no site. Os prêmios são revistos anualmente, caso, por algum motivo, as plantas tenham ficado indisponíveis no mercado ou sido substituídas por variedades melhores.

O *Pennisetum setaceum* chega à Sicília em 1938[11] graças ao interesse do prof. Bruno, diretor da faculdade de agricultura, que adquire uma amostra de sementes e as espalha no jardim colonial anexo ao Jardim Botânico de Palermo. Ele começa a estudar as características de crescimento e de produção da planta, tendo em vista seu possível uso como forragem para animais. As condições ambientais da Abissínia, então uma colônia italiana, não diferem muito das sicilianas, pensa o prof. Bruno. A partir do momento em que essa plantinha pudesse se adaptar ao ambiente da ilha, teríamos à disposição uma planta forrageira excelente, adequada a climas áridos e quentes. Infelizmente, embora seu potencial de se adaptar ao novo ambiente tenha se mostrado excelente, o mesmo não se pode dizer de sua capacidade nutricional. Não bastasse, os animais parecem não gostar dela. A esperança de torná-la uma planta forrageira cai por água abaixo e, como não há mais interesse prático em sua manutenção, o professor decide eliminá-la do jardim colonial a fim de abrir caminho para novos experimentos. É então que sua beleza intervém, salvando-a. Na verdade, quando percebem a beleza da sua floração, os técnicos do Jardim Botânico decidem continuar a cultivá-la e avaliar seu potencial como planta decorativa.

Ter escapado ilesa do perigo aciona o alarme. Ela não pode mais hesitar. Os preparativos para a fuga do jardim onde está confinada precisam ser acionados. Se, de fato, a Sicília não parece interessada nela, o inverso não é verdadeiro: a planta gosta muito da ilha, um ambiente semelhante àquele onde nasceu, mas sem os inimigos naturais e rivais que deve enfrentar diariamente. Ela decide acelerar o tempo de sua difusão.

---

[11] Salvatore Pasta et al., "Tempi e modi di un'invasione incontrastata: *Pennisetum setaceum (Forssk.) Chiov. (Poaceae)*". *Naturalista siciliano*, n 4, v. 34, 2010, pp. 487–525.

Sua beleza decerto ajuda no trabalho de expansão, mas só isso não é suficiente para as ambições de nossa sedosa amiga. Muito sabiamente, ela conta com outras armas para se difundir no novo ambiente. Vejamos por que o *Pennisetum* é uma das espécies célebres pela mais alta velocidade de disseminação. Primeiro, ela se adapta a climas muito diferentes. Embora chova menos de 1 300 milímetros de água por ano e a temperatura não desça abaixo de zero grau, está tudo bem. Ela amadurece sexualmente no segundo ano de vida, e a partir desse momento a produção de flores, no clima siciliano, é praticamente contínua de março a setembro. Além disso, é muito resistente à seca e a altas temperaturas, e está bastante apta à passagem de fogo. Graças a essa habilidade, depois dos incêndios a espécie se estabelece na terra muito melhor e com mais velocidade do que suas concorrentes diretas sicilianas.

A semente, então, é uma maravilha. Não tem latência: em condições ideais, pode germinar imediatamente; se, por outro lado, as condições são desfavoráveis, é capaz de manter sua vitalidade no solo por seis anos. A produção de sementes é alta e a disseminação pode ocorrer por intermédio de qualquer vetor: vento, água, animais, homem e veículos. Sobretudo veículos. Graças às estradas e aos veículos, ela conquistará a Sicília.

Mas não nos apressemos. Uma coisa de cada vez. O primeiro passo é afastar-se dos canteiros estreitos de flores dentro dos quais o capim-chorão é forçadamente plantado no interior do jardim colonial. A fuga é brincadeira de criança. Um dia de vento, como tantos em Palermo, é ideal porque facilita a decolagem de milhares e milhares de sementes emplumadas projetadas para se propagar no ar. Ultrapassados os muros do jardim e aterrissando alegremente nas áreas abandonadas e nos canteiros de flores que cercam as imediações do Jardim Botânico, a conquista pode começar. Depois, é só questão de tempo.

Ocupando as áreas não cultivadas ao longo das estradas e valendo-se de técnica semelhante à do *Senecio squalidus* na Grã-Bretanha, o *Pennisetum* começa a se espalhar seguindo as principais estradas que saem de Palermo. Há mapas que ilustram sua trajetória da Sicília nas últimas décadas. É extraordinário: na prática, o avanço segue exatamente a malha viária. Todo ano a planta se espalha conquistando dezenas de quilômetros, e hoje praticamente toda a Sicília é a casa do capim-chorão *pennisetum*. Uma espécie siciliana conquista a Grã-Bretanha, uma espécie da Eritreia conquista a Sicília. Verdadeira globalização. Sempre existiu na natureza. Deveres, fronteiras, avisos e barreiras vegetais são, felizmente, conceitos sem sentido.

Hipopótamos na Louisiana

Uma planta de péssima reputação em tantas regiões do mundo e entre todos os órgãos, nacionais e internacionais, que de várias formas lidam com plantas invasoras, é sem dúvida o *Eichhornia crassipes*, ou aguapé. A velocidade com que se espalha e seu desprezo soberano pela maioria dos meios com os quais o homem tenta barrar sua disseminação lhe conferem o dúbio privilégio de integrar o clube de elite das "cem piores espécies invasivas" elaborado pelo Invasive Species Specialist Group (ISSG). E é seu o título de pior espécie aquática invasora conhecida, a personificação vegetal do mal, odiada por todos. Sem meias palavras. Imagine se um sujeito com essa reputação não me atrairia...

Em primeiro lugar, gostaria que o leitor a visse. Ninguém poderia imaginar que, sob aparência tão delicada e atraente, exista tal monstro. O aguapé é uma planta nativa da Amazônia, capaz de flutuar graças a seus caules bulbosos e esponjosos que retêm grandes quantidades de ar. Suas folhas, grandes, brilhantes e grossas, podem formar uma camada de material vegetal de até um metro de espessura na superfície da água. Suas flores são belas e numerosas, com cores que vão do lilás ao rosa: são a isca que fez dela uma planta irresistível. Na verdade, desde o fim do século XVIII, a espécie tem sido valorizada por suas qualidades decorativas, razão pela qual foi levada para a Europa. Hoje está espalhada em mais de cinquenta países pelos cinco continentes. Seu sucesso deve-se antes de mais nada à sua beleza. Descrita em 1823 – o gênero *Eichhornia* é dedicado ao primeiro-ministro prussiano Johann Albert Friedrich Eichhorn (1779–1856) –, a espécie logo se espalhou pelo mundo, usando botânicos e jardins botânicos administrados por eles como chave de acesso às áreas mais distantes do planeta. Em repetidas campanhas de conquista, o aguapé atingiu todas as áreas tropicais do mundo, espalhando-se a partir da Europa, onde, na segunda metade do século XIX, desembarcou em jardins botânicos e particulares de metade do continente.Graças às trocas entre botânicos e colecionadores sua colonização tem início.

A planta chegou à Ásia por volta de 1884 para ser instalada no Jardim Botânico de Java. Ainda não está claro como ela conseguiu escapar e se infiltrar por todo o continente em poucos anos. Há quem diga que ela fugiu desse jardim aproveitando a água que escorreu depois de uma inundação e que, tendo chegado a um rio, nunca mais parou. Os mais românticos acreditam que uma princesa tailandesa viu o aguapé no Jardim Botânico de Bogor [na Indonésia], em 1907, e se apaixonou por ele. Ela levou alguns espécimes para o lago de seu palácio, do qual, sem nenhum inimigo natural, em quatro anos a planta se espalhou pela Tailândia.

Em 1890, o aguapé chegou à Austrália como planta ornamental para as lagoas. Em 1895, já era encontrado livre em Nova Gales do Sul e, em 1897, era fonte de preocupação dos botânicos do Royal Botanic Gardens de Sydney pela velocidade com que colonizava todos os lagos e cursos de água. No início do século XX, ultrapassou os limites de Nova Gales do Sul e entrou em Queensland. Em 1976, áreas fluviais inteiras por milhares e milhares de hectares estavam totalmente cobertas pela planta.

O aguapé alcança a África em ondas sucessivas, começando no fim do século XVIII até os dias atuais. É notado pela primeira vez apenas em 1989, no lago Vitória. Em 1995, 90% da parte ugandense do lago foi ocupada por ele.[12]

Em sua contínua expansão por todas as áreas tropicais do planeta, no fim do século XIX o aguapé inevitavelmente encontrou uma maneira de chegar aos Estados Unidos. A passagem para entrar no país foi, como disse, a beleza de suas flores. Em 1884, durante a Feira Mundial de New Orleans, também conhecida como World Cotton Centennial, um grupo de visitantes japoneses prestou homenagem a autoridades de New Orleans e aos organizadores do evento com alguns espécimes de aguapé. O presente agradou muito. A planta, como sempre, fascinava pela graça de suas flores. Assim, com a intenção de privar o menor número possível de pessoas do prazer de desfrutar da floração do novo convidado proveniente do Japão, os espécimes foram divididos entre as superfícies aquáticas dos principais jardins públicos e privados do estado. O efeito foi imediato. Em alguns anos, a habilidade quase sobrenatural do aguapé de se espalhar por cursos de água tornou as plantas onipresentes em muitos estados do sul dos Estados Unidos.

A disseminação da espécie foi tão rápida e infatigável que imediatamente se transformou em um problema sério.

---

12 Pia Parolin et al., "The Beautiful Water Hyacinth *Eichhornia crassipes* and the Role of Botanic Gardens in the Spread of an Aggressive Invader". *Boll. Mus. Inst. Biol. Univ. Genova*, n. 72, 2010, pp. 56–66.

Na Flórida, já em 1897, nos principais cursos de água foram encontrados cinquenta quilos de *Eichhornia crassipes* por metro quadrado. Ninguém conseguia controlar o fantástico crescimento da planta, e sua propagação repentina ameaçava a existência de peixes e animais aquáticos, bem como de inúmeras atividades fluviais. Por último, mas não menos importante, a navegação: em alguns lugares a cobertura vegetal atingiu tamanha espessura e extensão que a navegação de barcos ficou interditada. Era urgente buscar proteção. Mas o que fazer para bloquear esse avanço que parecia irrefreável? Choveram propostas: do uso de inimigos naturais (mas nenhum dentre os propostos parecia capaz de afetar minimamente a propagação da planta) a projetos de coleta mecânica baseada em barcos modificados para atender a essa necessidade, até a proposta do Departamento de Guerra dos Estados Unidos de despejar óleo nas plantas e incendiá-las. Todas legítimas, mas completamente ineficazes.

É neste ponto da história que entra em cena uma personagem excepcional, o símbolo da conquista do Oeste e, para milhões de pessoas nos Estados Unidos e em outros países, um verdadeiro herói. Permita-me apresentá-lo usando as palavras empregadas por um locutor no início do século passado: "Vou apresentar a vocês um homem que conhece os limites cruéis de guerra... Um soldado. Um batedor cujo nome avulta em ambos os hemisférios com histórias de seu serviço ousado e leal. O cavaleiro das terras de ninguém, que confia em seu conhecimento, na providência e, acima de tudo, nas patas saudáveis de seu bom corcel... Tenho a honra de apresentar a vocês o único homem na América que conhece as nuances mais obscuras da África mais negra... O major Frederick R. Burnham!".

A história desse homem é incrível, são incalculáveis as aventuras heroicas das quais ele participou ao longo da vida. Como sempre, o que é produzido nos Estados Unidos exige unidades de medida maiores do que seus equivalentes europeus. Espaços maiores, edifícios mais majestosos, carros mais potentes, trens mais longos e, certamente, heróis mais magníficos. Sobre a vida de Burnham foram escritas centenas de livros. Não tenho como delinear, mesmo que rapidamente, um retrato plausível de sua personalidade, mas preciso registrar duas informações cruas e nuas, baseadas em fatos incontroversos.

De pequena estatura (media 1,62 m de altura), Burnham compartilhava aquela atitude bonapartista de comando e autoridade que pessoas não muito altas podem desenvolver inconscientemente. Seu corpo, embora pequeno, era bastante compacto, e Burnham parecia feito de uma índole inatacável, capaz de resistir às dificuldades e feridas que teriam matado qualquer um. Dizia-se que, como um gato, ele tinha as proverbiais sete vidas. O mesmo número de vidas de que um herói local precisaria apenas para listar – e não protagonizar – as incontáveis aventuras que marcaram a vida do major Burnham. Vou tentar enumerar apenas as principais.

Ele nasce em uma reserva indígena Dakota Sioux de pais missionários. Ainda bebê, sobrevive a um ataque dos Sioux de Little Crow durante a guerra de Dakota, em 1862. Aos doze anos, ele se encontra sozinho, sem a família, na Califórnia, onde trabalha como mensageiro a cavalo para a Western Union Telegraph Company. Aos catorze anos, exerce a função de batedor especialista em seguir as pistas dos indígenas nas guerras Apache. Participa da expedição para capturar e matar Gerônimo. Luta na guerra do Pleasant Valley. Aprende a atirar com as duas mãos e montado num cavalo a galope. Torna-se vice-xerife do condado de Pinal. Em 1893, acreditando que a fronteira dos Estados Unidos havia se tornado um lugar tranquilo, embarca com a mulher e o filho para a África do Sul com a intenção de se juntar aos pioneiros britânicos de Matabelelândia (conhecido mais tarde como Rodésia). Está percorrendo,

55

com a família, os 1600 quilômetros que separam Durban de Matabelelândia, quando estoura a guerra entre os ingleses e os Matabele do rei Lobengula. Ele se alista e torna-se um herói nacional inglês. Em 1895, lidera uma expedição britânica à Rodésia do Norte. Compartilha a descoberta de várias minas de cobre e é eleito membro da Royal Geographical Society. Em 1896, participa da Segunda Guerra de Matabele, durante a qual conhece Robert Baden-Powell, com quem projeta uma organização que vai nascer, mais ou menos uma década depois, com o nome de escotismo. Retorna aos Estados Unidos, onde toma conhecimento de que a guerra hispano-americana está em curso, mas chega atrasado, quando os combates já haviam se encerrado. Em 1900, estava explorando o Klondike [uma região do Canadá] quando recebe um telegrama pedindo-lhe que participe como líder escoteiro britânico da Segunda Guerra dos Bôeres. Sem esperar novo convite, ele se lança de Klondike para a Cidade do Cabo, do outro lado do globo. Durante o conflito, passa a maior parte do tempo atrás das linhas inimigas, explodindo pontes e ferrovias. É capturado duas vezes e foge. É gravemente ferido e sobrevive. É convidado para jantar com a rainha Vitória, cujo filho, Eduardo VII, o nomeia major do Exército britânico. De 1902 a 1904, lidera expedições de exploração de minérios na África. Participa então da Primeira Guerra Mundial. Trabalha na contraespionagem. Encontra petróleo na Califórnia. Fica rico... e assim por diante, por muito tempo, mas vou parar por aqui.

Enfim, não há dúvida de que o major Frederick R. Burnham é uma lenda dos Estados Unidos. Então, em 1910, acompanhado do senador da Louisiana Robert Broussard e de seu ex-inimigo jurado, o capitão Fritz Joubert Duquesne,[13] ele entra com uma

---

13 Espião lendário, conhecido como Pantera Negra. Durante a Guerra dos Bôeres, recebeu ordem para assassinar Burnham. Em 1942, foi preso como espião do Terceiro Reich.

ação para convencer o Congresso dos Estados Unidos a dar sinal verde para importar hipopótamos. E ninguém o toma por louco. Aliás, a ideia parece brilhante: trazer hipopótamos da África para serem criados nos rios e pântanos da Louisiana, de modo que eles comeriam os aguapés, além de produzir toda a carne de que o país precisava. O argumento é convincente e não desprovido de charme. Diante da comissão do Congresso convocada para deferir ou não esse pedido bizarro, Burnham pergunta por que os estadunidenses insistem em consumir apenas vacas, porcos, ovelhas e aves. Por acaso eles são animais típicos do país? Não, todos foram importados pelos europeus séculos antes. Então, por que não importar hipopótamos também? Com o tempo, Burnham disse diante da comissão, um assado desse animal se tornará tão natural para a população quanto bisteca de porco ou canja de galinha. O raciocínio é perfeito. Apenas por um voto a comissão não deu início a essa revolução.[14]

Não sei se a introdução dos hipopótamos teria resolvido o problema da carne. Talvez. Não tenho competência para imaginar o que poderia ter acontecido com hipopótamos em um ambiente tão diferente do deles. Sobretudo, hipopótamos não são animais que possam ser domesticados. Não acho que teria sido fácil criá-los. Tenho menos dúvidas, porém, quanto à utilidade de sua presença para impedir a propagação dos aguapés. Não foram poucas as ocasiões em que os homens tentaram controlar espécies de plantas invasoras introduzindo possíveis predadores. Essas experiências nunca deram muito certo. Não raro criaram problemas piores do que aqueles que deveriam ter resolvido. No melhor dos casos, che-

---

14 Jon Mooallem, "American Hippopotamus". *The Atavist Magazine*, n. 32, 2013. Ver: magazine.atavist.com/american-hippopotamus.

gou-se apenas a introduzir mais uma nova espécie com a qual se preocupar. Se aquele comissário que votou contra a introdução tivesse votado favoravelmente, hoje no sul dos Estados Unidos talvez houvesse hipopótamos... mas tenho certeza de que eles nadariam em rios e pântanos cobertos de aguapés.

3

CAPITÃES CORAJOSOS

ESPÉCIE-TIPO COCO

DOMÍNIO EUCARIOTO

REINO PLANTAE

DIVISÃO MAGNOLIOPHYTA

CLASSE LILIOPSIDA

ORDEM ARECALES

FAMÍLIA ARECACEAE

SUBFAMÍLIA ARECOIDEAE

TRIBO COCOSEAE

SUBTRIBO BUTIINAE

GÊNERO *COCOS*

ESPÉCIE *COCOS NUCIFERA*

ORIGEM SUL DA ÍNDIA (PRESUMIDA)

DIFUSÃO ÁREAS TROPICAIS AO REDOR DO MUNDO

PRIMEIRA APARIÇÃO NA EUROPA SÉCULO XVI

Hoje é razoavelmente sabido que, em razão de suas sementes, as plantas podem se espalhar até locais muito distantes do lugar de origem. Mas nem sempre foi assim. Basta recuar um pouco no tempo, a meados do século XIX, e estaremos numa época em que ninguém tinha ideia de como as plantas poderiam ter chegado a alguns sítios. Como explicar as centenas de espécies que os exploradores descobriram em ilhas desabitadas nunca exploradas? Teria Deus criado espécies diferentes para lugares diferentes na Terra? Ou teriam ocorrido eventos criativos variados, um para cada lugar do planeta? Essas foram as teorias defendidas pela maioria dos cientistas. Antes de Darwin, a ideia predominante para explicar a multiplicidade de espécies vivas era, de fato, de que elas haviam sido criadas uma a uma. Uma diferente da outra.

Ou, como alguns defendiam, em uma época remota teria havido uma conexão entre as terras emersas, através das quais as plantas podiam ter se espalhado? Isso também explicaria o porquê de a flora de uma ilha como a Inglaterra não ser muito diferente daquela das regiões próximas a ela, além do canal da Mancha. Lembramos ainda que teorias como a das placas tectônicas ou da deriva continental foram expostas pela primeira vez por Alfred Wegener em 1912, mas foi preciso esperar a segunda metade do século XX para que uma longa série de provas indiscutíveis convencesse uma comunidade científica muito cética de sua validade.

De todo modo, nem a teoria criacionista nem a da conexão entre as terras convenceram Charles Darwin. Ele não era totalmente contrário à segunda – sua correspondência registra que ele estava ciente das importantes mudanças na linha costeira ocorridas no passado –, mas sua visão pessoal do problema era diferente. Ele estava convencido de que as plantas eram capazes de dispersar suas sementes mesmo a distâncias muito grandes, valendo-se de vetores como o ar, os animais e a água.

Sobretudo a água. Darwin não via outra possibilidade para explicar a colonização de ilhas muito distantes de qualquer outra terra. Assim como o homem havia chegado a explorar todos os cantos do globo cruzando os mares, as plantas também deviam ter se espalhado pelo mundo graças à água.

É óbvio que Darwin estava ciente das grandes dificuldades que essa teoria impunha. Por exemplo, não havia evidência de que as sementes fossem capazes de sobreviver na água do mar. Parecia razoável que vingassem por alguns dias, no máximo por algumas semanas. Mas permanecer na água do mar ao longo dos muitos meses necessários para chegar a terras mais distantes? Também para Darwin essa eventualidade parecia improvável. De todo modo, havia pouco a discutir: para comprovar o fundamento de uma teoria, era preciso mostrar evidências. À diferença da teoria criacionista ou daquela que sustentava uma conexão entre as terras, para as quais encontrar evidências não era tarefa fácil, a teoria da difusão de sementes pela água podia ser testada com facilidade. Não era impossível imaginar experimentos para verificar a capacidade de sobrevivência de sementes na água do mar.

Darwin conseguiu um número de sementes de espécies muito comuns, como aveia, brócolis, linho, repolho, alface, cebola e rabanete, e as pôs dentro de garrafas, adicionando um tanto de água salgada. As garrafas foram distribuídas por diferentes ambientes: algumas no jardim da frente, outras no porão, outras até mesmo ficaram mergulhadas em água gelada, a fim de se avaliarem os efeitos da temperatura e de diferentes situações. A intervalos constantes, certa quantidade de sementes era extraída dos frascos e enterrada, com o propósito de verificar sua capacidade de germinação. Os resultados foram bons, mas não animadores: muitas espécies germinavam perfeitamente depois de alguns dias de exposição à água do mar, mas, se deixadas por períodos mais longos, apresentavam porcentagens de sucesso drasticamente reduzidas. Além disso, algumas sementes nas condições experimentais às quais foram submetidas geravam consequências desagradáveis. Por exemplo, as sementes de repolho, brócolis e cebola, escreve Darwin em um artigo publicado em 1856,[1] produziam na água do mar odores muito desagradáveis "de forma bastante surpreendente", porém "nem a putrescência da água nem a temperatura variável tiveram efeito marcante em sua vitalidade".

Apesar do mau cheiro, de modo geral Darwin fica feliz com os resultados obtidos, tanto que escreve entusiasmado para um de seus amigos mais queridos, Sir Joseph Dalton Hooker, famoso botânico que por vinte anos dirigiu o Royal Botanic Gardens de Kew. O botânico, no entanto, não parece compartilhar seu entusiasmo; em sua carta de resposta, Hooker vê no experimento uma grande falha no raciocínio: as sementes em geral *não* flutuam. A observação muito simples de seu amigo, na qual Darwin não tinha pensado, o deixa em uma situação desconfortável. Em uma carta de 15 de maio de 1855, ele confessa a Hooker que, à luz de sua observação, ele teme ter perdido muito tempo em vão "tentando salgar aquelas patifes ingratas". Darwin não se limita a fazer experiências apenas com a água do mar. Ele imagina que os peixes também poderiam ajudar na disseminação das sementes. Por que, ele se pergunta, os animais terrestres deveriam desempenhar um papel tão importante na difusão de sementes e os marinhos não? Para testar sua hipótese, ele dá início a uma série de experimentos que envolvem a ingestão de sementes pelos peixes, porém definitivamente não é um período de sorte para Darwin.

[1] Charles Darwin, "On the Action of Sea-Water on the Germination of Seeds". *Botanical Journal of the Linnean Society*, n. 1, 1856, pp. 130–40

Na mesma carta a Hooker em que lamenta não ter pensado que, "se as sementes afundam, então não podem flutuar", ele fala das desventuras pelas quais está passando por causa dessas "sementes horríveis". Em um esforço para verificar se os peixes de fato as comem ou não, ele se dirige à Zoological Society a fim de realizar algumas observações. Este é o relato em primeira mão: "Ultimamente tudo está dando errado; os peixes da Zoological Society comiam grande parte das sementes e, na minha imaginação, eu já podia vê-las engolidas, peixes e todo o resto, por uma garça, mais tarde transportadas por centenas de quilômetros e despejadas nas margens de algum lago, onde teriam germinado esplendidamente, depois de o peixe expelir da boca com veemência, e com o mesmo nojo que eu, todas as sementes".

É preciso muito mais, entretanto, para deter Charles Darwin. Ele dá continuidade a seus experimentos e percebe que, apesar de tudo, algumas sementes são capazes de flutuar por muito tempo. O aspargo, por exemplo, flutua 23 dias se estiver fresco e 86 dias quando seco. Um número de dias, de acordo com seus cálculos, que o tornaria capaz de viajar por 2 800 milhas, transportado pelas correntes oceânicas.

Darwin encara esse problema de difusão aquática das sementes de forma bastante atípica em comparação a seu padrão. Ele insiste, por exemplo, em procurar evidências para apoiar sua teoria exclusivamente pela via experimental e não por meio de evidências já presentes na natureza, como havia feito em muitas ocasiões. Por que ele não procurou sementes nas costas inglesas, provenientes provavelmente de regiões distantes? Por que não pediu aos seus muitos correspondentes em todo o mundo para verificar a presença de sementes nas praias? Se tivesse feito isso, teria notado de imediato a validade apenas parcial de sua teoria. Nem todas as plantas são, de fato, capazes de espalhar suas sementes em água salgada. Aliás, são pouquíssimas as que conseguem. Hoje sabemos que de todas as 250 mil espécies conhecidas de plantas com flores, aproximadamente 250 (0,1%) produzem sementes que podem ser encontradas com facilidade nas praias. Metade delas tem a capacidade de flutuar na água do mar por mais de um mês e continuar vivas. Esse número, que pode parecer relativamente modesto, não inclui todas as espécies cujas sementes são dispersas por haver permanecido agarradas a partes de plantas, galhos, jangadas de vegetação etc. Poucas espécies, portanto, dispõem de habilidades para a natação. Mesmo entre as plantas, os grandes navegadores não são tão comuns. É por isso que elas são tão interessantes.

Coco, fruto divino

Não se pode escrever sobre o coqueiro (*Cocos nucifera*) sem lembrar, mesmo que brevemente, o uso que se faz de seus frutos. Para muitas populações, o coco tem a mesma importância que o trigo tem para os europeus. Um alimento básico, que garante a sobrevivência.

Do coco se usa praticamente tudo; parece um dos aqueles canivetes multiusos do Exército suíço. Em um recipiente compacto encontramos: alimento de alto teor calórico e água potável, fibra para construir cordas e, finalmente, uma casca para fazer carvão ou, se necessário, um prático dispositivo de flutuação. Não surpreende que em algumas culturas, em especial no Sudeste Asiático, o coco seja considerado uma verdadeira divindade. Um deus do qual depende a sobrevivência de muitas comunidades humanas.[2]

---

2   Uma seita indígena, por exemplo, tinha como preceito religioso a tarefa de plantar coqueiros em cada novo atol ou ilhota descoberta no Pacífico, pois eles poderiam garantir a sobrevivência de todos os

Dentre os diferentes cultos ao coco, um se destaca e se distingue dos demais por motivos tão extravagantes que merecem ser contados. Se não por outra razão, ao contrário de todos os outros de que podemos ter notícias, por ter nascido no lugar e no período mais improváveis de se imaginar: na Alemanha do *kaiser* Guilherme II, no início do século XX.

A história começa em Nuremberg, cidade da Baviera onde August Engelhardt nasceu em 27 de novembro de 1875. Ele é o protagonista de nossa história: o fundador da *Sonnenorder*, a Ordem do Sol, um culto de adoradores do Sol, nudistas, que se alimentam apenas de coco. August Engelhardt estudou química e física antes de começar a trabalhar como farmacêutico assistente. Durante esse período ele desenvolve suas ideias sobre a necessidade de promover um contato maior com a natureza, em prol de melhorar a saúde. Participa ativamente da *Lebensreform* (movimento de reforma do estilo de vida), um grupo de *hippies avant la lettre* que promove a liberação sexual, a medicina alternativa e uma vida em contato com a natureza, baseada nos preceitos do vegetarianismo e do nudismo. As ideias de Engelhardt, entretanto, são muito mais radicais do que as da *Lebensreform*. Ser vegetariano não basta para garantir uma vida longa, saudável e feliz. Para tanto, é necessário algo mais extremo. Não podemos nos alimentar de todas as plantas. Nem todas têm o mesmo nível de sacralidade – existem algumas que, por natureza, estão mais próximas do deus Sol, enquanto outras estão mais distantes. O homem deveria se alimentar tanto quanto possível do fruto da mais sagrada entre as plantas, o coqueiro. Qualquer desvio dessa dieta causaria envelhecimento, infelicidade e doenças.

viajantes. A história é citada por Emilio Chiavenda em sua contribuição fundamental ao conhecimento do coqueiro publicado em duas partes: "La culla del cocco". *Webbia*, (1921–23).

É óbvio que um estilo de vida como o preconizado por Engelhardt – pessoas nuas, devotadas ao amor livre, coletando e comendo cocos – apresenta alguns problemas para ser posto em prática na Alemanha de então. Sendo assim, em julho de 1902, de posse de uma boa herança, ele embarca para o arquipélago Bismarck, hoje parte da Papua-Nova Guiné, lá desembarcando em 15 de setembro. Compra 75 hectares de plantação de coqueiros e bananas por 41 mil marcos na ilha de Kabakon, um atol de coral cujos cinquenta hectares restantes são uma reserva protegida de quarenta melanésios. Único homem branco da ilha, ele constrói uma casa de três cômodos, abandona as roupas e começa a se alimentar de frutas tropicais. Durante sua permanência na ilha, aprofunda sua relação filosófica com o coqueiro, que ele nunca tinha visto, e elabora a seguinte ideia: já que o Sol é a divindade de onde vem a vida e o coco é a fruta que cresce mais perto do Sol, o coco deve ser o melhor alimento para o homem. Ele chega a afirmar que, se comesse apenas cocos, o homem poderia se tornar imortal. Nesse meio-tempo, porém, Engelhardt desenvolve uma úlcera na perna direita, na qual vê uma consequência direta de ter se alimentado de outras frutas tropicais no passado, em detrimento de uma dieta restrita baseada em coco. A partir desse momento, pelo resto da vida, ele só vai comer cocos.

Ser o único coconívoro puro do mundo, entretanto, não é suficiente para ele. Manter apenas para si esse conhecimento que poderia melhorar tanto o destino da humanidade o deixa infeliz. Ele gostaria de espalhar e expandir os fundamentos do culto. Assim, divulga a ideia na Alemanha e, como incentivo prático, se dispõe a pagar a viagem de navio a quaisquer novos adeptos. Os resultados dessa campanha, embora modestos, não tardariam. Os prosélitos chegam a Kabakon. Poucos e aos poucos, mas chegam, aumentando a comunidade para umas trinta pessoas. Muitos dos novos seguidores morrem em pouco tempo em decorrência de desnutrição, infecções e malária. É um grande problema. O fato de a taxa de mortalidade entre os coconívoros de Kabakon ser muito maior do que entre os residentes melanésios da própria ilha não conta pontos a favor da dieta de Engelhardt. As autoridades da Nova Guiné alemã, práticas como sempre na gestão de problemas, pedem a cada novo membro do Kabakon que pague uma caução elevada antes de receber o visto de entrada. Esse dinheiro, explicam, será usado para financiar o tratamento de saúde do qual certamente vão precisar. Mais tarde, quando as condições de vida dos adoradores do coco se tornarem insustentáveis, elas vão proibir qualquer outra entrada na ilha, decretando efetivamente o fim da comunidade.

Engelhardt fica sozinho de novo, tendo por única companhia algum adepto sobrevivente ou eventuais turistas alemães de passagem, que invariavelmente pedem para tirar uma foto com ele. Nós o vemos assim, em uma longa série de fotos, com barba e cabelos longos, nu (por ocasião das visitas de turistas, ele cobre os genitais com um pano), cada vez mais emaciado e abatido e com um número crescente de curativos nas pernas para proteger as numerosas úlceras resultantes da carência de nutrientes. Em 6 de maio de 1919, seu corpo é encontrado sem vida na praia. O último de seus seguidores, internado no hospital da capital da Nova Guiné, Kokopo, morreria quatro dias depois, em 10 de maio. Com ele se conclui a epopeia dos adoradores do coco. Agora, se você está se perguntando por que cargas-d'água eu contei essa história, saiba que fiz isso porque sinto simpatia por pessoas, digamos, excêntricas – embora "furioso como o mar revolto"[3] talvez fosse a expressão mais apropriada para defini-lo – como o nosso August, e acho suas

---

3 É assim que Cordélia se refere ao pai, no ato 4, cena 4, de *Rei Lear*, de William Shakespeare (*"As mad as the vexed sea"*). [N. T.]

histórias fascinantes. Uma boa razão, por si só, porém não a única. Um corolário das atividades de Engelhardt, de fato, me dará a oportunidade de lhes falar sobre um problema importante relacionado à propagação de coqueiros. No entanto, ainda será necessária alguma paciência, pois a história de August Engelhardt não terminou. Ou melhor, sua história terrena, sim, mas não seu legado.

Engelhardt presenteava os seguidores que se juntavam a ele na ilha, bem como os muitos turistas que o conheceram ao longo dos anos, com certo número de cocos, para que espalhassem a divindade entre os atóis e ilhas que visitassem. Missão que muitos deles, com o fervor típico dos neófitos, cumpriram com grande paixão, contribuindo ativamente para a propagação do coqueiro pelas costas das ilhas onde antes não havia cocos. Esse é o elo que nos conecta com o principal problema do coqueiro. Porque até hoje não está claro como ele se disseminou pelo mundo e a partir de onde.

Durante séculos, os frutos do coqueiro devem ter sido um belo quebra-cabeça para muitos lugares no norte da Europa. Antes que chegasse a esse continente a notícia de que em países distantes havia palmeiras capazes de produzir frutos do tamanho da cabeça de uma criança, quando aquelas nozes flutuantes apareceram nas costas da Noruega e da Irlanda devem ter parecido coisas obscuras e inexplicáveis. O que eram e de onde vinham tais objetos tão volumosos que de vez em quando se depositavam nas praias? Por muitos séculos, muito pouco ou nada se sabia sobre o coco na Europa. Marco Polo fala sobre ele rapidamente, em *O milhão*, e mais tarde Antonio Pigafetta, na *Primeira viagem ao redor do mundo*, crônica da expedição com a qual Ferdinando Magellano, entre 1519 e 1522, completa a primeira circum-navegação do globo, mas são alusões ou descrições breves. Na verdade, continuamos sem nada saber até que espanhóis e portugueses, tendo aprendido a apreciar as qualidades dessa fruta ao longo de suas explorações no sudeste da Ásia, começaram a espalhá-la para todos os lugares do planeta onde o clima possibilitasse seu cultivo.

Ora, antes mesmo de espanhóis e portugueses darem início à sua ampla difusão no século XV, o coqueiro já estava em lugares muito distantes da Terra. Como ele conseguiu chegar lá? Foi o homem que o espalhou, assim como fizeram os seguidores de Engelhardt? Ou terá sido a habilidade de navegação de suas sementes que lhe permitiu cruzar os oceanos? E, o mais importante, é uma espécie originária do continente americano que se espalhou para o Extremo Oriente ou vice-versa? Vamos tentar pôr ordem nessa *querela*.

O primeiro ponto a responder é: quando Colombo chegou à América, o coqueiro já estava lá ou não? Não há certeza absoluta quanto a isso. Nenhum dos primeiros exploradores a desembarcar na América menciona sua presença. Cristóvão Colombo, Américo Vespúcio, Hernando de Soto, Juan Ponce de León etc. tampouco fazem referência a nada parecido com um coqueiro. O único a mencioná-lo, na Nicarágua, é o historiador Gonzalo Fernández de Oviedo, mas algumas características do fruto que ele descreve parecem ser de uma palmeira diferente. De todo modo, mesmo se tivéssemos certeza a respeito da presença do coco em áreas muito restritas da América Central, permaneceria o mistério quanto ao motivo de ele não ter se espalhado pelo resto da América Central e da América do Sul. Na Itália, de fato, e com certeza, sabemos que o coco só chegou muito mais tarde graças ao cultivo dos portugueses.

A favor da hipótese da origem americana da espécie pesam a inexistência de outra *Cocoseae*[4] na Ásia e o cultivo, na

---

4 Tribo de plantas da família *Arecaceae* à qual pertencem várias espécies, entre as quais o coqueiro (*Cocos nucifera*).

América do Sul, do parente mais próximo do coqueiro. Mas é muito pouco para sustentar a hipótese. No sul da Ásia, o coco é conhecido desde sempre e, além disso, é lá que se encontra a maior variedade genética, como normalmente ocorre nos centros de origem. Enfim, como você deve estar percebendo, trata-se de uma bela miscelânea, que, embora apaixonante para pessoas esquisitas como os botânicos, sei que pode não ter a menor importância para as demais. Então deixemos isso de lado e vamos ao que interessa.

Um grande impulso à teoria da origem sul-americana dos coqueiros partiu das ideias não de um botânico, mas de um famoso explorador, arqueólogo e antropólogo norueguês, Thor Heyerdahl, que ficou famoso na década de 1950 graças à expedição *Kon-Tiki*. Em 1947, Heyerdahl zarpa de Callao, o porto mais importante do Peru, em uma balsa de madeira construída de acordo com a tradição inca e, navegando pela corrente de Humboldt, atraca no arquipélago de Tuamotu, na atual Polinésia Francesa. Graças a essa viagem, ele conseguiu demonstrar a possibilidade teórica de as populações da América do Sul terem chegado e colonizado a Polinésia na Antiguidade, trazendo consigo plantas como a batata-doce e o coco. Heyerdahl conjectura que esses nativos americanos, usando embarcações semelhantes à sua, foram os primeiros humanos a colonizar a Polinésia. Apesar do charme das aventuras de Heyerdahl, os testes genéticos provaram exatamente o oposto. Na verdade, o DNA mitocondrial dos polinésios mostra semelhança maior com o DNA dos habitantes do Sudeste Asiático do que com o dos sul-americanos.[5] A colonização da América do Sul se efetivou por habitantes do Sudeste Asiático, e não o contrário.

5 Jonathan S. Friedlaender et al., "The Genetic Structure of Pacific Islanders". *PLOS Genetics*, v. 4, n. 1, 2008.

Thor Heyerdahl baseou sua teoria em uma série de suposições, algumas das quais eram de caráter tipicamente botânico. Uma delas nós já conhecemos: o coqueiro está presente tanto na América Central como na Ásia. Outra derivava da distribuição da batata-doce (*Ipomoea batatas*) cultivada na América do Sul desde pelo menos 2000 a.C. e certamente presente na Polinésia já em 1200 d.C. Embora claramente originária da América do Sul, como ela chegou à Polinésia? Heyerdahl acreditava que ela tivesse realizado tal proeza a bordo de navios do tipo *Kon-Tiki* comandados por marinheiros sul-americanos. Também nesse caso ele estava errado. Mais uma vez, o DNA deu as cartas para que recentemente se resolvesse de uma vez por todas a questão da disseminação da batata-doce:[6] ela é de fato sul-americana e chegou à Polinésia muito antes dos homens. Outra grande navegadora. Questão resolvida. Resta o coco. Ainda não temos a chamada *smoking gun*,[7] mas em geral os estudiosos acreditam que ele fez o caminho inverso ao da batata-doce, chegando à América do Sul a partir do Sudeste Asiático.

Quer tenha chegado à América do Sul sozinho, quer acompanhado do homem, o coco ainda é um dos grandes navegadores do mundo das plantas. Capaz de manter a vitalidade na água do mar por mais de quatro meses e de se espalhar pelas correntes de pelo menos todo o Pacífico, aonde chegou – como a batata-doce –, o coco mudou a história de continentes inteiros.

---

6 Pablo Muñoz-Rodríguez et al., "Reconciling Conflicting Phylogenies in the Origin of Sweet Potato and Dispersal to Polynesia". *Current Biology*, n. 28, 2018, pp. 1246–56.

7 Sinônimo de "prova irrefutável". Expressão cunhada durante o caso Watergate. Tratava-se na ocasião de uma fita cassete na qual Nixon e H. R. Haldeman foram ouvidos formulando um plano para bloquear as investigações sobre o caso.

A palmeira calipígia

Já vou logo dizendo para que não haja dúvidas: o *coco de mer* (*Lodoicea maldivica*), ou seja, a palmeira da qual vamos tratar, não se espalha de forma alguma. Aliás, é uma das espécies menos móveis que existem, planta conhecida por sua distribuição limitada às ilhas Praslin e Curieuse, das Seychelles. Apesar disso, sua história também está relacionada ao mar. E se você se surpreende que uma espécie endêmica das Seychelles se chame *maldivica* (ou seja, das Maldivas), isso se deve à sua pouca familiaridade com os botânicos: já deveria saber que somos esquisitos. Tão esquisitos a ponto de mudar o nome de uma espécie das Seychelles, que era logicamente denominada *Lodoicea sechellarum*, para *maldivica*. Bem, é mesmo um pouquinho extravagante chamar *das Maldivas* uma espécie endêmica *das Seychelles*, mas vamos deixar isso pra lá. O que, no entanto, não pode ser perdoado é que, antes ainda, em um dos impulsos irreprimíveis que leva os botânicos, como novos Adões, a renomear todas as plantas conhecidas, eles tenham retirado dessa espécie o nome que melhor lhe condizia, *Lodoicea callypige*: a *Lodoicea* de belas nádegas. E, se você já viu uma das magníficas sementes dessa espécie, não se perguntaria por quê, embora eu entenda que Luís xv da França, a quem o nome do gênero é dedicado (de *Lodoicus*, forma latinizada de Luís), talvez pudesse ter alguma reclamação a fazer por estar associado a nome tão pouco régio. Ainda que a palmeira em questão seja de fato uma palmeira principesca.

Para começar, ela detém vários recordes da botânica: produz o maior fruto silvestre da natureza (42 quilos), embora algumas plantas domesticadas, como abóboras, possam produzir frutos mais pesados; as sementes mais pesadas (uma única semente pode chegar a dezessete quilos); o cotilédone mais comprido (até quatro metros) e as maiores flores femininas de qualquer outra palmeira conhecida. Como se a lista de recordes não bastasse, as sementes apresentam um formato magnífico, que justifica o adjetivo calipígio. A semente tem, de fato, semelhança extraordinária com uma pelve feminina de um lado e do outro.

Em 1743, o navegador francês Lazare Picault, indo mapear o arquipélago das Seychelles, viu o coco-do-mar e o descreveu sucintamente. Até então, da palmeira se conheciam apenas as enormes nozes, as quais de vez em quando chegavam flutuando vazias às praias próximas das Maldivas, dando origem a lendas sobre sua proveniência e propriedades curativas. Uma das histórias mais conhecidas associava a semente anormal a uma árvore mítica chamada Pausengi, que crescia em algum lugar do oceano ao sul de Java firmemente enraizada no fundo do mar. A árvore, capaz de gerar redemoinhos ao redor de seu tronco, atraía inexoravelmente qualquer embarcação incauta o bastante para se aproximar dela. Sua copa, por outro lado, fora escolhida como domicílio de um pássaro enorme, talvez o mítico Roc, que toda noite ia caçar em terra e na volta trazia entre suas garras gigantescos elefantes, rinocerontes, tigres e outras feras enormes. O fruto de tal árvore só poderia ter propriedades superlativas e, com efeito, tradicionalmente se acreditava que fosse um antídoto contra todos os venenos.

A história da árvore Pausengi e de seu impressionante fruto aparece em um excepcional tratado de botânica tropical, o *Herbarium Amboinensis*, escrito na segunda metade do século XVII pelo naturalista alemão Georg Everhard Rumpf (embora ele preferisse a grafia latina, Rumphius) durante os anos passados na ilha de Ambon, no arquipélago das Molucas, que hoje faz parte da Indonésia oriental.

Rumphius, dentre os botânicos, foi inclassificável.[8] Durante sua permanência no arquipélago das Molucas,

---

8 No original, *fuoriclasse*, adjetivo normalmente atribuído a quem tem qualidades ou habilidades excepcionais e que, portanto, não

identificou e descreveu muitas espécies de plantas, até então desconhecidas. Um grande trabalho que na Europa lhe rendeu o apelido de *Plinio indicus* (Plínio das Índias), e tudo isso apesar de uma série de vicissitudes pessoais catastróficas. Em 1670, um glaucoma o cegou aos 43 anos; em 1674, durante um terremoto em Ambon, ele perdeu sua amada Suzanne (a quem dedicou o nome de uma orquídea) e um filho. Em 1687, um incêndio destruiu sua biblioteca inteira e a maioria de seus manuscritos e desenhos. Depois de muitos anos, Rumphius conseguiu com muito esforço reconstruir o trabalho perdido e o enviou a Amsterdã para ser publicado, mas o navio foi atacado e destruído pelos franceses. Felizmente uma cópia havia sido conservada, e assim em 1696 o manuscrito chegou, por fim, a Amsterdã. A Companhia Holandesa das Índias, porém, julgou que no documento constavam muitas informações que não deveriam ser divulgadas, e por isso bloqueou sua publicação por cerca de cinquenta anos. Rumphius morreu em Ambon em 1702. O *Herbarium Amboinensis* foi afinal publicado entre 1741 e 1750.

Uma obra imensa: sete volumes in-fólio, 1 660 páginas impressas, 695 pranchas. Uma maravilha. Imensa quantidade de dados, um dos meus sonhos de bibliófilo e fonte inesgotável de felicidade. Histórias fantásticas, usos prováveis e improváveis das diferentes espécies, lendas, mundos imaginários: Rumphius é o botânico típico de uma era que irremediavelmente ficou no passado. Um mundo em que a poesia e a fantasia ainda estavam entre as ferramentas de um naturalista. Quando se trata de dar nomes a plantas desconhecidas, Rumphius deixava *Lodoicea maldivica* ou *seychellarum*

pode ser classificado. No contexto, o termo adquire um contorno jocoso particular por se referir a um botânico, cujo trabalho consiste justamente em classificar espécies. [N. T.]

no chinelo: raiz-de-lula, árvore-pelada, amaranto-fedorento, planta-do-adultério, barba-de-Saturno, senhor-das-moscas, erva-da-memória, árvore-estrela-do-mar, flor clitóris-azul, cabelo-de-ninfas, árvore-da-noite, sabre-escarlate, erva-triste, amante-noturno, árvore-cega, erva-solteira.[9] Assim, também quando se trata de dar uma explicação para aquelas nozes enormes em forma de nádegas que os marinheiros às vezes coletavam em suas viagens e cuja origem ignoravam, Rumphius recolhe informações conhecidas, registra-as em seu tratado e com a imaginação completa as lacunas, deduzindo que elas vêm de terras desconhecidas e perigosas. Em 1743, justamente durante a publicação póstuma de sua obra-prima, a terra ignota das nozes calipígias é identificada e o mistério de sua proveniência é revelado.

Mas os mistérios dessa planta são muitos e alguns permanecem indecifrados até hoje. Por exemplo, sua polinização. A *Lodoicea maldivica* é uma palmeira dioica, ou seja, apresenta indivíduos machos e fêmeas. Durante o período de floração, é impossível não notar. Os indivíduos machos produzem amentilhos enormes (inflorescências masculinas) que lembram um falo e não deixam margem para dúvidas. Por causa dessas formas singulares e eróticas, uma das crenças mais difundidas na ilha era de que as árvores faziam amor. De acordo com essa lenda, os machos das palmeiras, desenraizando-se nas noites escuras e sem lua, aproximavam-se das árvores femininas para copular. E, apesar de todas suas precauções, ai daquele que conseguisse vê-los envolvidos nessas operações íntimas! Morreria ou ficaria cego. Muito mais prosaicamente, embora ainda não haja evidências conclusivas, parece que a polinização dessa espécie é em parte anemófila – isto é, o

---

9 Rob Nieuwenhuys, *Mirror of the Indies: A History of Dutch Colonial Literature*. Amherst: University of Massachusetts Press, 1982.

pólen é espalhado pelo vento – e em parte mediada por uma pequena lagartixa colorida, a *phelsuma*, que costuma visitar as flores de palmeira.

Outro mistério sobre a *Lodoicea maldivica* desvendado nos últimos tempos, ou pelo menos satisfatoriamente explicado, diz respeito ao tamanho anormal do fruto e da semente dessas plantas. Por que são tão fora de escala? O objetivo da semente deve ser, na medida do possível, disseminar a espécie, mas uma semente de dezoito quilos com certeza não é a solução mais adequada para sair se espalhando por aí. Então, de novo: por que essas sementes são tão grandes e pesadas? Qualquer que seja o sistema de difusão adotado pelas plantas, não existe nada parecido no reino vegetal. Tamanho investimento de energia e matéria em uma única semente lembra muito mais as estratégias reprodutivas de certos animais superiores do que aquelas adotadas pelas plantas.

Alguns animais investem muito na produção de um pequeno herdeiro ao qual dedicam longos e exigentes cuidados parentais. Será que isso também acontece com as plantas? Até alguns anos atrás, falar sobre cuidado parental em relação às plantas podia parecer loucura. Mesmo o menor indício de algo assim era recebido com bastante desprezo. Hipótese de uma pessoa desequilibrada. O cuidado parental era considerado prerrogativa apenas dos animais superiores. Não parecia realmente possível imaginá-lo no mundo das plantas. Depois, aos poucos, as coisas começaram a mudar e, por meio de uma série de pesquisas muito pontuais, demonstrou-se que o cuidado com a própria progênie de fato existia entre as plantas.

O cuidado com a prole está, por exemplo, presente em um minúsculo cacto (com menos de três centímetros de diâmetro), o *Mammillaria hernandezii*, nativo de uma área semiárida do México. No lugar onde ele cresce, chove pouco e de forma intermitente. As plantas desse habitat são, portanto, adaptadas para resistir a ciclos frequentes de seca. Uma característica especial desse minicacto é que, uma vez produzidas as próprias sementes, ele tem a capacidade de não espalhá-las imediatamente, mas ele as guarda e as solta no ambiente no momento em que houver as melhores condições para germinação. Ao mantê-las dentro da planta-mãe, o *Mammillaria hernandezii* ensina suas sementes a lidar com a imprevisibilidade de seu habitat. De fato, as sementes experimentam com a mãe os ciclos de chuva e seca, aprendendo a lidar com ambos depois de germinados.[10] Trata-se, como é evidente, de cuidados com a prole, porém ainda assim não são exatamente cuidados parentais. Estes estão na base da solução de outro enigma da botânica: como fazem as mudinhas que acabam de brotar em uma floresta para sobreviver o tempo necessário até se tornarem autônomas? Florestas ou bosques são lugares muito escuros, sobretudo nos níveis mais baixos – a semente de uma árvore que germina fica muito tempo sem acesso à luz. Qual é o mecanismo que permite o crescimento dessas mudas até que atinjam altura suficiente para poder fotossintetizar? A solução foi encontrada há alguns anos. Em uma floresta, a maior parte das plantas se conecta por meio de uma rede subterrânea formada por raízes e fungos que ali vivem em simbiose. Nessa rede, as plantas adultas do clã cuidam das menores, fornecendo os açúcares necessários para a sobrevivência das jovens.[11] Trata-se de cuidados parentais, nem mais

---

10   Bianca A. Santini e Carlos Matroell, "Does Retained-Seed Priming Drive the Evolution of Serotiny in Drylands? An Assessment Using the Cactus *Mammillaria hernandezii*". *American Journal of Botany*, n. 100, v. 2, 2013, pp. 365–73.

11   Suzanne Simard et al., "Resource Transfer Between Plants Through Ectomycorrhizal Fungal Networks", in Thomas R. Horton (org.), *Mycorrhizal Networks*. Springer: Dordrecht, 2015. pp. 133–76.

nem menos do que aqueles que se veem nos animais superiores, e que são mais difundidos do que se pensa.

Voltando ao nosso *coco de mer*, poderia haver algo do gênero nessa espécie também, como o tamanho de suas sementes sugere? Em 2015, uma pesquisa brilhante[12] esclareceu definitivamente o mistério e apresentou uma explicação convincente a respeito do tamanho das sementes de *Lodoicea maldivica*.

Vamos começar com uma constatação: o ambiente em que a palmeira vive é extremamente pobre em recursos nutricionais. Fósforo e nitrogênio, dois elementos-chave para o crescimento das plantas, estão presentes no solo das ilhas, mas em quantidades limitadas. A planta, em resposta a essas restrições, engendrou um sistema para aumentar as chances de sobrevivência de sua progênie. A solução encontrada é incrível e representa, até onde se sabe, um caso único no reino vegetal. Para cuidar de seus pequeninos, a palmeira desenvolveu, com as folhas, um sistema de funis e canais que permite o direcionamento de nutrientes e água.

Funciona assim: por intermédio desses canais, a chuva que cai sobre as folhas é direcionada para a base da planta; escorrendo sobre a copa, a água leva consigo todos os resíduos de substâncias nutrientes nela presentes – fezes de animais, pólen e material vegetal morto –, dirigindo tudo para a base do caule e fertilizando o solo com fosfatos e nitratos. Na área imediatamente ao redor da planta, as quantidades de fósforo e nitrogênio acabam sendo muito maiores. Nessa situação, a estratégia mais econômica para garantir a sobrevivência da prole é fazer com que as sementes caiam o mais próximo

---

12 Peter J. Edwards et al., "The Nutrient Economy of *Lodoicea maldivica*, a Monodominant Palm Producing the World's Largest Seed". *New Phytologist*, n. 206, 2015, pp. 990–99.

possível da planta-mãe. Exatamente o oposto do que acontece com outras plantas.

Os ancestrais da *Lodoicea maldivica* provavelmente se serviam de animais para dispersar suas sementes. Mais tarde, quando as atuais Seychelles se separaram da Índia, há aproximadamente 65 milhões de anos, a palmeira ficou sem vetores para disseminar as sementes, que a partir de então caíam no chão e lá permaneciam. Em decorrência disso, as mudas precisaram se adaptar ao crescimento à sombra da copa dos pais. Formaram-se florestas muito densas apenas de *coco de mer*, de onde as outras espécies vegetais, não adaptadas à sombra, logo foram expulsas. Uma consequência dessa adaptação sedentária da palmeira é que, caindo perto da planta-mãe, a muda deve competir com os pais e com outras sementes caídas e germinadas também nas proximidades. Nessas condições, quanto maior a semente, maiores as reservas de energia e, portanto, maiores as chances de sobrevivência. Aqui está, portanto, a solução do mistério das megassementes: a evolução da ilha e os cuidados parentais. Rumphius ficaria satisfeito.

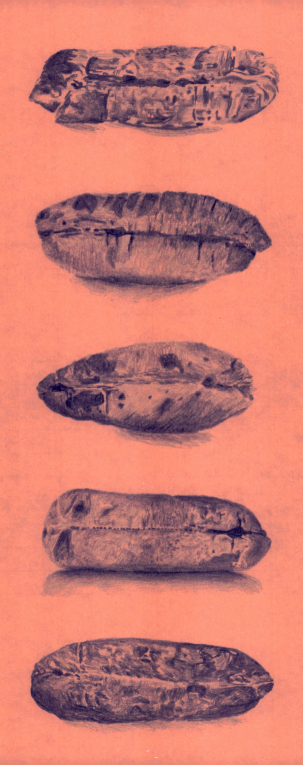

4

VIAJANTES DO TEMPO

ESPÉCIE-TIPO TAMAREIRA

DOMÍNIO EUCARIOTO

REINO PLANTAE

DIVISÃO MAGNOLIOPHYTA

CLASSE LILIOPSIDA

SUBCLASSE ARECIDAE

ORDEM ARECALES

FAMÍLIA ARECACEAE

SUBFAMÍLIA CORYPHOIDEAE

TRIBO PHOENICEAE

GÊNERO *PHOENIX*

ESPÉCIE *PHOENIX DACTYLIFERA*

ORIGEM NORTE DA ÁFRICA

DIFUSÃO MUNDIAL

PRIMEIRA APARIÇÃO EUROPA C. ANO 1000

Viajantes do tempo existem. Pelo menos do passado para o presente. Encontram-se em todos os lugares. Aliás, são tão numerosos que nem mais os notamos. Você sabe de quem estou falando, não? Sempre elas: as plantas. Algumas espécies, sobretudo arbóreas, graças à sua longevidade, incomparavelmente maior que a de qualquer animal, atravessaram o tempo e chegaram aos dias de hoje vindas de eras distantes. Outras, protegendo seus embriões com sementes robustas e inalteráveis, às vezes permitem que seus filhos atravessem o tempo e o espaço.

Recordistas de longevidade são comuns no mundo das plantas. Muitas espécies têm a capacidade de viver mais de mil anos. O *Pinus longaeva*, por exemplo – nome escolhido não por acaso –, é um dos inúmeros exemplares que podem ultrapassar 4 mil anos. Alguns, praticamente imbatíveis, atingem até 5 mil. O decano é um *Pinus longaeva* que cresce na Califórnia, cuja idade é estimada justamente em torno de 5 mil anos. Por muitas décadas essa árvore foi considerada a planta mais antiga do mundo. Seu reinado começou a se abalar quando se notou que muitos exemplares dessa espécie, apesar de terem tido a sorte de serem batizados com um nome próprio, símbolo inquestionável de privilégio no mundo das plantas, tinham idades próximas e, em alguns casos, até mesmo superior àquelas do próprio Matusalém.

Mas a discussão perdeu interesse desde que, em 2008, Leif Kullman, professor da Universidade de Umeå, descobriu na Suécia um abeto (*Picea abies*) com inacreditáveis 9 560 anos. Para ser mais exato, o Velho Tjikko – esse é o nome pelo qual Kullman chamou esse decano, em memória de seu cachorro – é, mais do que uma única árvore de idade avançada, um organismo que regenerou muitas vezes o próprio tronco ao longo da vida. Suas raízes, no entanto, são sempre as mesmas, e o ato de regenerar o tronco a cada quinhentos a setecentos anos é apenas um dos mecanismos por meio dos quais as plantas garantem longevidade incomparável.

O velho Tjikko é de fato a árvore mais antiga do mundo. Estava aqui quando o homem, inventando a agricultura 10 mil anos atrás, se libertou da necessidade de passar a maior parte do tempo buscando o alimento que lhe permitiria sobreviver, e continuou a existir enquanto desenvolvíamos nossa civilização.

Depois, é claro, há os grandes organismos clonais como a Pando, uma floresta de álamos tremedores de 43 acres em Utah, que consiste em um único indivíduo genético que se propaga, igual a si mesmo, há mais de 80 mil anos. Um ser praticamente imortal, vivo desde uma era tão antiga que nos é quase inconcebível. Apenas a título de referência, há 80 mil anos surgiram os primeiros Neandertais na Europa, o *Homo erectus* ainda não estava extinto e o *Homo sapiens* só surgiria depois de 40 mil anos.

Mesmo deixando de lado esses casos excepcionais, a vida média de muitas plantas é incomparável à dos animais, e é fascinante pensar que as árvores – testemunhas diretas e vivas de fatos que, para o bem ou para o mal, representaram para nós, mortais efêmeros, momentos fundamentais da história – atravessaram as eras chegando até os dias atuais.

Ainda está lá em Grantham, em Lincolnshire, a macieira inglesa da qual caiu a maçã que permitiu a Newton formular a teoria da gravidade universal. Estão vivas muitas árvores sob as quais Charles Darwin, caminhando por Down House, concebeu e escreveu *A origem das espécies*. Crescem e se elevam os carvalhos nos quais centenas de pessoas foram enforcadas em muitos estados dos Estados Unidos. Prosperam, na propriedade dos Collette na Provença, as oliveiras sob cujos ramos Renoir passou os últimos anos de sua vida. E estão vivas as oliveiras do jardim do Getsêmani, testemunhas das últimas horas terrenas de Jesus.

Por conta de sua longevidade, muitas árvores se tornaram verdadeiros viajantes do tempo capazes de transportar – literalmente – do passado até nós testemunhos fundamentais para a compreensão da nossa história. Com o estudo da composição e dos anéis de crescimento concêntricos das árvores foi possível, por exemplo, resolver alguns mistérios da história, como a retirada abrupta da Horda de Ouro da Hungria, em 1242,[1] quando o país parecia impotente nas suas mãos.

Finalmente, as plantas têm outro ás na manga para enviar seus representantes a um futuro distante: as sementes. Essas cápsulas de sobrevivência, tão perfeitas em sua simplicidade que para quem as estuda parecem quase dotadas de qualidades sobrenaturais, são capazes de proteger um embrião vivo nas condições mais difíceis que se podem imaginar: na água, inumadas no gelo ou nas areias escaldantes do deserto; em temperaturas extremas (de frio ou calor); na presença ou na ausência de ar, nutrição, abrigo; por anos, décadas, séculos, em alguns casos raros, até mesmo por milênios, sem que os embriões que transportam e protegem percam a capacidade de dar vida a uma nova planta assim que surgirem as condições favoráveis. Cápsulas de sobrevivência que transportam a vida vegetal ao longo do tempo e no espaço, por vezes tendo sucesso em tamanhas proezas que, como fazemos com os heróis clássicos, é preciso cantar seus feitos. Aqui está a história de três recordistas semidivinos da viagem no tempo.

---

1   Um dos quatro cantos originários da fragmentação do Império Mongol (século XIII) e o mais duradouro de todos eles. Fazia fronteiras com os reinos da Polônia e Hungria a oeste. [N. T.]

As sementes de Jan Teerlink

Jan Teerlink era um comerciante holandês de seda e de chá. Filho de um farmacêutico e neto de um intermediário de especiarias e ervas medicinais, aprendeu desde criança a apreciar as plantas como fonte sólida de bons negócios. Com a tia, por outro lado, a famosa escritora Elisabeth (Betje) Wolff-Bekker, apaixonada por jardinagem, ele havia aprendido a amá-las por sua beleza e utilidade. Apesar de sua indiscutível paixão pelas plantas, Teerlink se julgava um excelente comerciante com um conhecimento razoável do mundo vegetal. Nunca imaginaria que, passados séculos de sua morte, ainda se falaria dele não por suas habilidades mercantis, mas por suas simpatias botânicas. Tampouco imaginaria as circunstâncias rocambolescas – guerras, colônias, corsários, arquivos esquecidos – que envolveram uma de suas iniciativas. Mas vamos pela ordem.

Em 1803, Jan Teerlink, então diretor da Companhia Holandesa das Índias, embarca em uma longa viagem para a Cidade do Cabo, na África do Sul. Ali chegando, entusiasta das plantas que era, vai visitar o jardim botânico para ter um panorama das várias espécies que poderiam ser encontradas na natureza daquela região. O jardim, ainda em funcionamento no centro da Cidade do Cabo, chama-se Company Garden, e a companhia à qual o nome faz referência é justamente a Companhia Holandesa das Índias que o criou em 1650 e que, em 1803, o ano da visita de Jan Teerlink, continua a administrá-lo.

Como todas as obras realizadas pela Companhia, o Company Garden inicialmente devia servir a alguma finalidade prática. Assim, ele nasceu para produzir as verduras e as frutas que abasteceriam as embarcações que atravessavam o Cabo. Só mais tarde se tornou um parque e em parte também uma espécie de jardim botânico – de todo modo, um lugar onde conservar uma coleção de plantas raras ou representativas da flora local. Da visita ao jardim e das conversas com seus administradores, Jan Teerlink, em 1803, saiu do horto com certo número de sementes nas mãos, pertencentes a espécies que por algum motivo haviam despertado seu interesse. Pondo em prática o que aprendera em casa, as sementes de cada espécie foram acomodadas corretamente em envelopes adequados. Em cada um, Teerlink escrevia o nome da espécie ou, se não fosse conhecida, a descrição mais ou menos detalhada da planta da qual essas sementes provinham. Assim, alguns sachês informavam corretamente as espécies científicas ou comuns; outros apresentavam uma breve descrição das plantas, como "arbusto espinhoso de tamanho médio com flores pequenas e vermelhas"; outros ainda traziam descrições mais originais, como "sementes de uma árvore de espinhos curvos", "mimosa desconhecida" ou "semente de um melão comido por um selvagem às margens do rio Orange". Em todo caso, os diferentes envelopes assim preparados e classificados foram cuidadosamente guardados dentro de uma carteira de couro vermelho, prontos para enfrentar a jornada que deveria levá-los à Holanda. Terminada sua missão na África do Sul, Teerlink embarcou no navio prussiano *Henriette* para dar início à viagem de volta a seu país. Poucos dias depois de partir, a embarcação foi capturada por um navio corsário inglês – acabara de estourar uma guerra entre Reino Unido e França, que se recusara a abandonar a Holanda, transformada na recém-formada República Batávia.[2]

O navio foi apreendido e sua carga de seda e chá se transformou em butim de guerra para os corsários ingleses. Todos os

---

2 Foi a primeira e a mais duradoura das repúblicas irmãs da República Francesa. Na verdade, era um Estado-satélite da França.

documentos, porém, incluindo a carteira de couro vermelho de Jan Teerlink, foram enviados à Suprema Corte do Almirantado e dali, pouco depois, para a Torre de Londres, onde permaneceram abandonados até algumas décadas atrás, quando foram definitivamente transferidos para o Arquivo Nacional. E a carteira teria permanecido intocada sabe-se lá por quantos séculos ainda se, durante uma das catalogações de rotina, um pesquisador da Biblioteca Real Holandesa, Roelof van Gelder, não a tivesse salvado do esquecimento no qual ela caíra nos últimos duzentos anos.

Por uma série de circunstâncias fortuitas, entre as quais o fato de Van Gelder conhecer o nome, Teerlink, e a localidade da qual provinha, Vlissingen, gravados em ouro na pelica, a carteira foi aberta e teve seu conteúdo examinado. Espalhados entre os documentos do comerciante estavam os quarenta envelopes com as 32 sementes coletadas na África do Sul. O que fazer com elas? Mais uma vez o acaso teve um papel determinante. O Arquivo Nacional inglês fica nos subúrbios de Londres, na charmosa cidade de Kew. Ora, Kew é um nome sagrado aos ouvidos de qualquer pessoa minimamente apaixonada pelo estudo das plantas. Na verdade, entre Richmond e Kew, situa-se um dos templos da botânica: o já mencionado Royal Botanic Gardens de Kew.

Imagino que a proximidade das duas instituições tenha contribuído para que Van Gelder levasse os envelopes com as sementes para serem analisadas pelos especialistas do jardim botânico vizinho. De qualquer modo, os envelopes chegaram às mãos experientes dos especialistas de Kew, de início sobretudo para que as espécies pudessem ser corretamente identificadas. Ninguém, nem mesmo em Kew, esperava que sementes vindas diretamente do período das guerras napoleônicas, transportadas em um navio, saqueadas por corsários, esquecidas na Torre de Londres, e por fim, enterradas nos depósitos do Arquivo Nacional ainda pudessem germinar. As condições às quais elas haviam sido submetidas por mais de duzentos anos eram tudo menos o que seria recomendável para preservar sua vitalidade. Mesmo assim os pesquisadores decidiram fazer uma tentativa, tomando todas as precauções para garantir as melhores condições possíveis. Para surpresa de todos, germinaram sementes de três espécies, duas das quais sobreviveram dando plantas jovens, vigorosas e saudáveis. A primeira espécie a brotar com força, em dezesseis das 25 sementes, foi a de um arbusto chamado *Liparia villosa*, cujas mudas, no entanto, não sobreviveram até a maturidade. De um grupo de oito sementes etiquetadas equivocadamente por Jan Teerlink como *Protea conocarpa*, germinou um espécime saudável que deu vida a uma planta mais tarde identificada como *Leucospermum conocarpodendron*, com crescimento e desenvolvimento perfeitos. Algumas mudas dessa planta foram "repatriadas" em 2013 para a África do Sul, entregues ao magnífico Jardim Botânico Kirstenbosch, na Cidade do Cabo. As plantas que nasceram foram chamadas de "Princesa Elizabeth", em homenagem à Elizabeth I da Inglaterra, que também sobreviveu a um período de detenção na infame Torre de Londres.

A palmeira de Massada

A imponente fortaleza-palácio de Massada permanecia inexpugnável em um pináculo de calcário marrom e dolomitas na fronteira entre o deserto e o vale do mar Morto, no sudeste da Judeia, cerca de cem quilômetros a sudeste de Jerusalém. Essa fortaleza, erguida por volta de 35 a.C. por Herodes, o Grande, que fez dela sua morada, abrigava dois palácios (um dos quais construído em três níveis), banhos aquecidos, enormes cisternas, sistemas de defesa e uma muralha ampla e inteiriça de cinco metros de altura e um perímetro de um quilômetro e meio, equipada de inúmeras torres com mais de vinte metros de altura. Esse lugar foi palco de eventos cruciais na história de Israel e, como veremos, também de uma descoberta muito interessante para nossa investigação sobre as plantas.

Com a morte de Herodes em 4 a.C., a fortaleza passou para o domínio dos romanos, sob o qual permaneceu até 66 d.C., ano em que Massada caiu em decorrência de um ataque-surpresa por parte de rebeldes judeus, os chamados "sicários",[3] que lutavam contra os romanos e qualquer um que mantivesse relações comerciais com Roma. Os sicários – cujo nome ainda hoje é usado como sinônimo de "assassino" em várias línguas – eram conhecidos pela violência e crueldade de suas represálias e constituíam uma ala mais extremista e violenta dos rebeldes zelotes. Tendo conquistado a fortaleza, os rebeldes a ocuparam, transformando-a em base de suas operações, moradia para suas famílias e local de onde partiam para suas invasões. E eles a consideravam inconquistável. Obras posteriores de defesa limitaram o acesso a uma trilha muito estreita e íngreme sobre rochas – o caminho da serpente[4] – e tornaram

---

3 O nome deriva do punhal curto, a adaga, de origem trácia, também usado pelos romanos e chamado *sica*.

4 Josefo escreve em seu livro *Guerra dos judeus*: "Eles o chamam de serpente, à qual se assemelha pela sua estreiteza e pelas curvas e contracurvas contínuas; seu traçado retilíneo se interrompe para contornar rochas salientes. Avança com dificuldade, curvando-se continuamente sobre si mesmo e, em seguida, esticando-se novamente. Quem o percorre deve segurar os dois pés com firmeza para evitar cair e perder a vida; de fato, em ambos os lados há despenhadeiros tão assustadores que fazem até o homem mais corajoso tremer. Depois de uma jornada de trinta etapas [cerca de

árduo até mesmo cogitar um ataque a ela. Podemos imaginar que eles tinham tanta certeza da solidez de sua fortaleza que viviam com a sensação de segurança absoluta. Os romanos, no entanto, não estavam acostumados a tolerar atos de rebelião contra o império e, portanto, depois da queda de Jerusalém e a destruição do segundo templo, em 70 d.C., Massada era o único centro de resistência ativo contra a ocupação romana.

A situação não poderia durar muito. No momento em que os rebeldes zelotes capturaram Massada e ergueram barricadas em seu interior, o destino deles foi selado. Em 73 d.C., Lúcio Flávio Silva, liderando a Décima Legião do Estreito, circunda completamente a base do pináculo rochoso e constrói vários campos fortificados para abrigar as tropas durante um cerco que prometia ser longo e difícil. Da configuração dos inúmeros campos e do extenso muro ao redor da plataforma rochosa permanecem vestígios arqueológicos intactos e impressionantes, dos quais ainda hoje emana a vontade dos romanos de demonstrar sua força aos rebeldes sob cerco. Trata-se de obras desproporcionais, construídas com o propósito de impressionar.[5] As muralhas, por exemplo, que Flávio Silva mandou construir mesmo em áreas onde, dada a orografia, eram claramente supérfluas (sobre ravinas ou fendas que jamais poderiam ser ultrapassadas), serviam apenas de aviso aos assediados: ninguém escaparia da cólera de Roma.

A intenção inicial de, com o assédio, obrigar a fortaleza a capitular não rendeu os resultados desejados. O tempo passava e nada fazia supor que os zelotes pretendiam se

---

5,5 quilômetros], a trilha chega ao cume, que não termina em topo pontiagudo, mas em um altiplano".

5 Gwynn Davies, "Under Siege: The Roman Field Works at Masada". *Bulletin of the American Schools of Oriental Research*, n. 362, 2011, pp. 65–83.

render. Flávio Silva mudou de estratégia. A confiança da resistência judaica na inexpugnabilidade de Massada o irritava. O poder militar de Roma não se baseava apenas no valor de seus exércitos: a habilidade extraordinária de seus engenheiros era uma munição e tanto. Nas campanhas de conquista, a construção de estradas, pontes, muralhas, torres, aquedutos era prática comum. A rapidez e a eficiência com que os romanos, segundo os relatos da época, conseguiram levantar essas obras, muitas delas de pé ainda hoje e eficientes 2 mil anos após sua construção, têm algo de miraculoso. Assim, se não existiam vias de acesso à fortaleza de Massada, a solução estava em construir uma nova.

Flávio Silva encomendou a seus engenheiros uma alternativa para conduzir seu exército até a fortaleza, e eles criaram uma, simples e genial: erigir uma rampa de acesso. A construção de rampas fazia parte da formação técnica das legiões romanas. Roma conquistou inúmeras cidades, começando por Atenas, erguendo rampas tão altas quanto os muros das cidades sitiadas, além de torres de cerco e outras invenções de vários tipos para eliminar as defesas dos inimigos. Mas em Massada não se tratava de construir uma rampa normal. A altura a ser escalada era muito maior do que a de qualquer outra muralha: pelo menos cem metros. Foi aqui que a habilidade dos engenheiros romanos esmerilhou: usando como base um pedaço de rocha a oeste da fortaleza, a rampa pôde ser construída em pouquíssimo tempo. A conquista de Massada tornou-se uma questão de tempo. Em 15 de abril de 73 d.C., os romanos entraram na fortaleza, mas se depararam com um cemitério. Todos os zelotes, guiados por Eleazar ben Jair, tiraram a própria vida para não serem escravizados. Somente duas mulheres e duas crianças, escondidas em um condutor de água, sobreviveram para contar a história.

95

Após a reconquista, a fortaleza permaneceu em mãos romanas até o século V e depois foi abandonada; entre 1963 e 1965, o arqueólogo israelense Yigael Yadin, auxiliado por milhares de voluntários do mundo todo, iniciou uma forte campanha de escavação para desenterrar os restos do palácio-fortaleza e dos acampamentos romanos construídos durante o cerco. Os resultados da campanha foram além das previsões otimistas e possibilitaram trazer esse sítio esquecido de volta à atenção do mundo, devolvendo a Israel um dos lugares fundadores de sua história. Ainda hoje, as tropas do Exército israelense juram lealdade ao Estado dentro da fortaleza, gritando: "Massada nunca mais cairá!".

Durante a campanha de escavação, além das grandes obras de alvenaria vieram à tona os restos das atividades diárias que ocorriam dentro da fortaleza. Entre a miríade de objetos que surgiram, os que mais interessam a nossa história são provavelmente os mais humildes e os menos interessantes de todos: algumas tâmaras encontradas dentro de um vaso de barro e que remontam à época da queda de Massada. Essas sementes catalogadas pelo arqueólogo em 1965 ficaram abandonadas por quarenta anos num depósito da Universidade Bar-Ilan de Tel Aviv, e ainda estariam lá, inúteis e esquecidas, não fosse a intuição de duas brilhantes pesquisadoras israelenses: Sarah Sallon e Elaine Solowey.

No início de nossa era, toda a Palestina era coberta por um cultivo único e contínuo de tamareiras (*Phoenix dactylifera*), famosas por frutos que podiam secar facilmente, conservando ótima qualidade mesmo após a secagem. As tâmaras da Judeia estavam entre os produtos mais procurados de toda a região. Além do sabor requintado, eram renomadas pelas supostas propriedades antibióticas, afrodisíacas e medicinais. Bem, dessas palmeiras, tão famosas na Antiguidade, não restou vestígio. Nem sabemos quando desapareceram, embora a maioria dos testemunhos pareça indicar que tenham existido até por volta do ano 1100.

Durante o domínio mameluco, por volta do século XIV, toda a agricultura da região sofreu uma crise duríssima. Testemunhos de viajantes europeus não fazem menção ao cultivo de tamareiras. Pierre Belon, que viaja para a Judeia por volta de 1553, chega a zombar da ideia de que a região alguma vez tenha sido capaz de produzir a excepcional quantidade de tâmaras relatada por fontes antigas. As causas que levaram a seu desaparecimento não são certas. Alguns culpam os cruzados pela destruição das plantações, outros o domínio otomano, mas a razão mais provável para o declínio, e, portanto, para o desaparecimento posterior desse cultivo, deve focar nas mudanças climáticas que afligiram aquela região a partir do ano 1000. Por volta dessa época, o clima começou a ficar mais frio e mais úmido, alcançando o pico por volta do século XVII; o século seguinte foi de intenso calor e seca.[6] É provável que essas mudanças climáticas tenham acarretado mudanças nas temperaturas ou na distribuição da água e da precipitação da chuva, o que acabou por prejudicar irreparavelmente uma cultura delicada com grande necessidade de água e cuidados.

Quaisquer que tenham sido as causas, o cultivo da tamareira, tão celebrado na Antiguidade, desapareceu para sempre da região. Foi preciso esperar até os anos 1950 para que ele voltasse, valendo-se de variedades modernas que nada tinham a ver com a qualidade mítica das antigas. A impresssão era de que as tamareiras originais tinham desaparecido para sempre, até Sarah Sallon e Elaine Solowey – a primeira, uma pesquisadora da área da medicina natural, e a segunda, especialista

---

6 Arie S. Issar, *Climate Changes During the Holocene and Their Impact on Hydrological Systems*. Cambridge: Cambridge University Press, 2003.

em cultivo de tamareiras e ávida caçadora de antigas variedades – levantarem a hipótese maluca de que qualquer semente colhida em escavações arqueológicas, e datando de cerca de 2 mil anos antes, poderia germinar e trazer de volta à vida, vindas daquele tempo remoto, algumas tamareiras.

Elas pediram e obtiveram três sementes do grupo encontrado na fortaleza de Massada, cuja datação remontava a um período entre 155 a.C. e 64 d.C. Elaine Solowey as hidratou com água quente para ativar sua absorção, em seguida as mergulhou em um banho de nutrientes e fertilizantes à base de algas e, finalmente, no dia de Tu BiShvat, a festa judaica do ano-novo das árvores, que em 2005 caiu em 25 de janeiro, ela as plantou em solo estéril. Oito semanas depois, uma das três sementes brotou.[7] Foi um resultado incrível: a semente mais antiga que já havia germinado até então pertencia a uma planta de lótus de 1 300 anos antes.[8] Se tudo corresse bem, uma autêntica tamareira do período áureo dessa produção seria capaz de retornar à produção depois de 2 mil anos.

Restava apenas um problema: o sexo da planta. A tamareira é uma espécie dioica, constituída por indivíduos machos e fêmeas. Se fosse fêmea, tudo bem. Se fosse macho, ao contrário, não saberíamos nada sobre a qualidade dessas famosas tâmaras. Era preciso esperar que Matusalém – esse foi o nome atribuído à nossa tamareira – se tornasse adulto e desse as primeiras flores. O nome masculino não era um bom presságio: a

---

7 Sarah Sallon et al., "Germination, Genetics, and Growth of an Ancient Date Seed". *Science*, n. 320, 2008, p. 1464.

8 Jane Shen-Miller et al., "Long-Living Lotus: Germination and Soil Gamma-Irradiation of Centuries-Old Fruits, and Cultivation, Growth, and Phenotypic Abnormalities of Offspring". *American Journal of Botany*, n. 89, 2002, pp. 236–47.

planta floresceu em março de 2012 e era um macho. E, como todos os machos, não era fértil.

Embora Matusalém não tenha nos dado essa última alegria, o caminho havia sido aberto. Foram encontradas várias tamareiras nas escavações arqueológicas e os pesquisadores logo iniciaram testes de germinação com outras sementes, do mesmo período, guardadas em depósitos de museus e universidades. Eles só precisam de um pouco de sorte: se outra semente, desta vez de uma planta fêmea, conseguir germinar depois de 2 mil anos, uma nova viajante do tempo poderá chegar a nossa era para fazer companhia a Matusalém e nos presentear com as delícias de suas tâmaras.

A semente vinda do frio

Qualquer pessoa que já tenha lido a obra-prima de Varlam Tíkhonovitch Chalámov, *Contos de Kolimá*, e espero com sinceridade que sejam muitas, trará impressas na memória pelo menos duas coisas: os gulags stalinistas eram uma abominação, e tudo que existe na Sibéria é gelo. Qualquer um que já tenha lido esses contos vai associar para sempre Kolimá à ideia de gelo.

Foi nessa região que, durante os anos do stalinismo, surgiu um dos mais terríveis gulags de toda a União Soviética. Um campo de trabalho no qual as condições de vida eram tão terríveis que, entre as décadas de 1930 e 1950, cerca de 1 milhão de pessoas perderam a vida.[9] Kolimá, que leva o nome do rio que

---

9 Norman Polmar, "Stalin's Slave Ships: Kolyma, the Gulag Fleet, and the Role of the West (*review*)". *Journal of Cold War Studies*, n. 9, 2007, pp. 180–2.

a atravessa, é uma das terras mais frias do planeta. Localiza-se no Extremo Oriente russo, na parte nordeste da Sibéria, que ao norte faz fronteira com o mar da Sibéria Oriental e o oceano Ártico, e ao sul com o mar de Okhotsk. No inverno, as temperaturas médias variam de -19°C a -38°C e podem ser ainda mais drásticas nas regiões do interior. É assim que, de acordo com Chamálov, os prisioneiros mais experientes dos gulags foram capazes de reconhecer a temperatura: "se há nevoeiro gelado, na rua faz quarenta graus abaixo de zero; se o ar da respiração sai com ruído, mas ainda não é difícil respirar, então, quarenta e cinco graus; se a respiração fica barulhenta e visivelmente ofegante, cinquenta graus. Abaixo de cinquenta e cinco graus, o cuspe congela no ar".[10]

O frio é a principal característica de Kolimá. Um frio que mata, mas que ao mesmo tempo preserva a matéria orgânica da decomposição. O permafrost siberiano é, acima de tudo, a certa profundidade, um ambiente permanentemente frio, com temperaturas que podem se manter estáveis a vários graus abaixo de zero por dezenas de milhares de anos. Nessas temperaturas, esperar encontrar restos de flora ou de fauna do passado em condições que possam ser regeneradas com o uso de grupos de células ainda vivas não é um sonho.

O permafrost atinge cerca de 22,8 milhões de quilômetros quadrados no hemisfério norte (15% da área terrestre) e em algumas regiões, como a de Kolimá, pode alcançar facilmente centenas de metros de espessura. Não surpreende, portanto, que nos últimos anos um número cada vez maior de pesquisadores tenha se dedicado a explorar essas regiões na esperança de encontrar espécimes bem preservados de fauna extinta. Os resultados não demoraram a chegar. Em 2010, ressurgiu

---

10 Varlam Chalámov, "Os carpinteiros", in *Contos de Kolimá*, trad. Denise Sales e Elena Vasilevich. São Paulo: Editora 34, 2016, p. 38.

do gelo permanente do leste da Sibéria um mamute bebê chamado Yuka, tão bem preservado que muitos pensaram na possibilidade de trazer essa espécie de volta à vida por meio da clonagem. Do distrito de Abyiski, também na mesma área da Sibéria, ressurgiram, em 2015, depois de ficarem enterrados em gelo perene por 12 mil anos, dois espécimes perfeitamente preservados, rebatizados Uyan e Dina (do nome do rio Uyandina, próximo ao local da descoberta), de filhotes de leão-das-cavernas (*Panthera leo spelaea*), uma subespécie extinta do leão moderno. No mesmo ano foi casualmente descoberto outro filhote de um caçador siberiano, desta vez o rinoceronte-negro (*Coelodonta antiquitatis*), extraordinariamente bem preservado. Em suma, o permafrost está provando ser uma mina de informações muito preciosas sobre muitas espécies de animais extintos.

E as plantas? Embora as chances de reviver espécies vegetais sejam de uma ordem de magnitude superior em comparação à regeneração de animais, o reduzido interesse por esses organismos vivos dos quais depende a vida do planeta indica que pouquíssimos pesquisadores estão focados na descoberta de sementes ou plantas armazenadas no permafrost. O interesse do público, todo voltado para os animais, traz notoriedade e financiamentos. A pesquisa requer financiamentos. Os pesquisadores lidam com animais. Um silogismo muito simples que explica por que o número de pesquisadores no mundo que trabalham com plantas por várias razões é uma fração insignificante do total. No entanto, apesar disso, quantas descobertas fundamentais na história da ciência não se devem a botânicos! Mas divago.

Em 2010, um grupo de pesquisadores da Academia de Ciências da Rússia deixa sua sede em Pushkin, perto de Moscou, para uma campanha de escavações no permafrost ao longo das margens do rio Kolimá. Estão em busca de animais e plantas presos no gelo há milhares de anos. Encontram um sítio de investigação promissor vários metros abaixo da superfície, em uma camada de gelo que remonta ao fim do Pleistoceno. Durante as buscas, a descoberta de uma toca de esquilo completamente submersa parece bastante promissora. Tocas são sempre lugares interessantes. Com sorte se pode encontrar algum animal aprisionado. Se não, os restos da sua vida cotidiana: alimentos, excrementos, material vegetal, que sempre contêm informações valiosas. Nesse caso, a toca tem um depósito cheio de sementes e pedaços de frutas que datam de 39 mil anos.

A descoberta não é novidade: tocas de esquilos são encontradas com frequência no permafrost e seus depósitos podem conter centenas de milhares de sementes. Dessa vez, porém, ao contrário do que se costuma ver em muitas outras tocas, as sementes parecem, à primeira vista, perfeitas. Uma ideia bizarra toma conta dos pesquisadores: e se tentarmos germinar algumas delas? É claro para todos que 39 mil anos são uma enormidade de tempo e que a semente mais velha já germinada até aquele momento tinha 2 mil anos, aquela de que nasceu Matusalém, em Israel. A ideia, no entanto, é fascinante e eles decidem tentar. Nenhuma semente germina, mas ao microscópio muitas mostram a ativação de alguns tecidos ou grupos de células. Pesquisas anteriores também haviam revelado que, apesar de nenhuma semente retirada dessas tocas no permafrost ter germinado, muitas mostraram um início de crescimento. Na verdade, uma semente de *Rumex* germinou e cresceu normalmente até o estágio de cotiledonar, antes de congelar e degenerar.[11] A essas pesquisas a *Silene stenophylla*, uma herbácea perene da família *Caryophyllaceae*,

11 Svetlana G. Yashina et al., "Viability of Higher Plant Seeds of Late Pleistocene Age from Permafrost Deposits as Determined

sempre havia respondido muito bem. Os pesquisadores então decidem centrar fogo nessa espécie promissora e tentar uma abordagem diferente. Não tanto para fazer germinar uma semente de 39 mil anos, e sim para tentar regenerar a planta inteira a partir de um tecido placentário.

O resultado é extraordinário: eles conseguem cultivar uma muda perfeitamente sadia de *Silene stenophylla*, capaz de desenvolver e produzir sementes. O que se sonha poder realizar com mamutes, rinocerontes-lanudos e leões-das-cavernas foi feito com uma planta da mesma época. Se tivesse sido regenerado um animal de 39 mil anos atrás, a mídia do mundo inteiro teria falado sobre isso por semanas; o retorno à vida de uma pequena e insignificante *Silene stenophylla*, ao contrário, interessou a alguns poucos do meio científico. Ainda assim, que possibilidade maravilhosa abre essa pesquisa! Tocas de esquilos repletas de sementes foram identificadas no gelo do início do Pleistoceno, não apenas no leste da Sibéria, mas também no Alasca, no Yukon e em geral em toda a área de Beríngia.[12] O permafrost está repleto de sementes congeladas e frutos de espécies vegetais esperando para serem regeneradas. Muitas espécies extintas podem estar presentes no permafrost, com seu inestimável patrimônio genético. Trazê-los de volta à vida depende apenas de nós.

by 'in vitro' Culturing". *Doklady Biological Sciences*, n. 383, 2002, pp. 151–54.

[12] A conexão do Estreito de Bering era um istmo com largura máxima de 1600 quilômetros que conectava o Alasca e a Sibéria durante a era do gelo do Pleistoceno.

5

ÁRVORES SOLITÁRIAS

ESPÉCIES-TIPO SITKA SPRUCE

DOMÍNIO EUCARIOTO

REINO PLANTAE

DIVISÃO PINOPHYTA

CLASSE PINOPSIDA

ORDEM PINALES

FAMÍLIA PINACEAE

GÊNERO *PICEA*

ESPÉCIE *PICEA SITCHENSIS*

ORIGEM COSTA OESTE DA AMÉRICA DO NORTE

PRIMEIRA APARIÇÃO NA EUROPA SÉCULO XIX

Algumas árvores, movidas pela necessidade imperiosa de expansão, chegam a colonizar as terras menos hospitaleiras e acessíveis do planeta, e por vezes acabam por se instalar, em função dos caprichos do clima ou dos homens, em lugares tão remotos ou inóspitos que, no fim, se encontram completamente sozinhas. Isoladas de qualquer outro representante de sua espécie e, ao mesmo tempo, forçadas a sobreviver em circunstâncias aparentemente impossíveis, essas campeãs na difícil arte da conquista são consideradas casos especiais e, como tais, são estudadas para que se possam aferir as razões de sua excepcionalidade.

Embora a árvore solitária represente até um *tópos* literário – símbolo da pessoa que, apesar de tudo, resiste indômita às flechas da sorte adversa –, isso se baseia, como muitos outros lugares-comuns, em suposições equivocadas. De fato, pensando bem, não deveria existir uma árvore solitária. É um contrassenso. Todo ser vivo solitário é de certa forma uma contradição. Para que haja vida, é preciso haver uma comunidade com outros seres vivos e, obviamente, com outros indivíduos da própria espécie. Um dos destinos mais trágicos que um organismo vivo pode ter é se encontrar reduzido a alguns indivíduos – às vezes, até mesmo a um só –, à beira da extinção e sem a capacidade de reproduzir a espécie que representava.

As árvores solitárias, talvez por causa de sua natureza inconciliável, sempre exerceram grande fascínio sobre a arte, sobretudo a pintura. Uma das mais conhecidas é *A árvore solitária* (*Der einsame Baum*), de Caspar David Friedrich.

Por que essa obra tão famosa é conhecida por esse título, eu não sei explicar. O quadro, de 1822 e hoje parte do acervo da Alte Nationalgalerie em Berlim, representa em primeiro plano uma árvore, provavelmente um carvalho, nem um pouco solitário ou isolado. Para ser mais exato, o solitário nessa imagem é o pastor encostado em sua base. Friedrich representa muitos outros carvalhos, até mesmo um belo bosque pode ser visto a algumas dezenas de metros do personagem principal. Vale destacar, a árvore em primeiro plano está em condições ruins: o tronco está quebrado e torto, a vegetação acaba de brotar, como se tivesse enfrentado um estrago grande, alguns ramos estão secos... enfim, um carvalho que passou por duras provas e que resiste impávido. Mas pelo menos ele não está sozinho. Friedrich o poupa disso. Apesar de sua produção pictórica não se abster de temas melancólicos, ele parece saber que uma verdadeira árvore solitária é algo muito mais triste e raro do que se poderia encontrar na encantadora paisagem de Riesengebirge (a região montanhosa representada na pintura, que divide a Silésia da Boêmia).

Existem verdadeiras árvores solitárias, mas não tantas assim. E quando encontramos uma, é sempre interessante tentar entender o que a levou a ser assim solitária. De fato, toda árvore, ou melhor, qualquer planta que existe sozinha, longe de qualquer outra de sua espécie, quase sempre tem uma boa história. Não é fácil se encontrar nessa situação nada invejável. Em lugares inacessíveis, a centenas de quilômetros dos semelhantes e em climas inadequados para a vida, elas sobrevivem por tempos inimagináveis como prova de sua capacidade inesgotável de adaptação às condições mais extremas. Entre as poucas árvores verdadeiramente solitárias que conhecemos, não podemos deixar de lembrar três, seja pelos lugares onde vivem e pelas lendas que as rodeiam, seja pela contribuição para o avanço de nosso conhecimento: trata-se do pinheiro solitário da ilha Campbell, da árvore da vida no Bahrein e da árvore em Ténéré.

O abeto da ilha Campbell

A ilha Campbell (Motu Ihupuku, na língua maori) é um dos lugares mais remotos da Terra. Com superfície pouco maior que a da ilha de Pantelleria,[1] está localizada a cerca de seiscentos quilômetros ao sul da Nova Zelândia, em plena área subantártica. É tão isolada e distante das rotas navais usuais que permaneceu desconhecida até 1810, ano em que o capitão Frederick Hasselborough, no comando dos aventureiros do *Perseverance*, a descobriu durante uma série de expedições na região antártica da Nova Zelândia, promovidas e financiadas pelo armador australiano Robert Campbell (daí o nome da ilha). Aliás, ela não trouxe muita sorte ao capitão, que morreu lá mesmo, poucos meses depois de a ter descoberto, em 4 de novembro de 1810.

Como hoje, a ilha era completamente desabitada. Não se pode esperar um clima suave naquelas latitudes. O sol brilha de raro em raro, em média 650 horas por ano (em Roma e Nova York, para se ter uma ideia, as horas de sol são superiores a 2 mil), e, por mais de sete meses por ano, há menos de uma hora diária de sol. A temperatura permanece constantemente em torno de 7°C, chove muito e todo ano há mais de cem dias de vento a velocidades superiores a 100 km/h. O clima é, pois, uma das razões pelas quais nenhuma comunidade humana se instalou nessa ilhota nos últimos 250 anos desde sua descoberta, se excluirmos as passagens de caçadores dedicados ao extermínio da comunidade local de focas (tarefa realizada com sucesso, pois em 1815 já não havia uma única foca sequer) e, mais recentemente, cientistas envolvidos no estudo da climatologia e da meteorologia das regiões antárticas.

---

1   Uma das ilhas-satélites da região da Sicília, possui 83 quilômetros quadrados de área. Fica a 120 quilômetros da Sicília e a setenta quilômetros da costa da Tunísia. [N. T.]

A ilha Campbell não é um lugar favorável à vida das plantas e dos animais. Com um clima como esse, é lógico esperar que nem as árvores tenham chance de sobreviver. A vegetação é aquela típica da tundra: musgos e liquens, plantas herbáceas, poucos arbustos e nenhuma árvore. Com uma pequena mas importante exceção: um magnífico espécime de *Picea sitchensis*, o dominador majestoso e solitário da flora da ilha. Tão distante de qualquer outra planta de sua espécie, ela foi oficialmente declarada no *Guinness Book of Records* "a árvore mais solitária do mundo".

Mas como um espécime de *Picea sitchensis* chegou sozinho à ilha, a mais de duzentos quilômetros de outro exemplar de sua espécie que cresce nas ilhas Auckland? O responsável por sua localização botânica extrema parece ser (há dúvidas) um excêntrico cavalheiro inglês, um tal de Uchter John Mark Knox, o quinto conde de Ranfurly, governador da Nova Zelândia de 1897 a 1904. Lorde Ranfurly levava muito a sério seus deveres como governador. Assim, no início do século XX, ele embarcou em uma viagem de exploração dos domínios britânicos naquela região. Visitou todas as ilhotas da Coroa, incluindo a ilha Campbell, que não deve ter lhe despertado nenhum interesse, já que sua principal impressão foi de que se tratava de uma ilha completamente improdutiva. E, portanto, inútil.

A existência de um território, por mais insignificante que fosse, incapaz de contribuir para o magnífico destino do império, deve ter lhe parecido uma afronta intolerável, que precisava ser remediada. Assim, com uma daquelas iniciativas improvisadas que muitas vezes caracterizam a atividade dos governantes – em qualquer momento e em qualquer latitude –, lorde Ranfurly decidiu que a ilha se tornaria produtora de madeira. Ordenou que naquele território inóspito fossem plantadas árvores, a fim de florescer uma floresta exuberante que forneceria a madeira necessária para construir muitos navios. Mesmo a pequena ilha Campbell deveria ter a honra de ajudar a manter o domínio do império sobre os mares. O detalhe de que ali não crescia naturalmente nenhuma árvore não deve ter incomodado muito o governador: a eficiência dos técnicos britânicos sem dúvida resolveria esse pequeno detalhe. A ilha Campbell se tornaria uma floresta austral. Estava decidido.

Como sempre acontece, o entusiasmo inicial desses anúncios estrondosos não foi seguido de nenhuma ação prática para transformar a ilha na floresta imaginada por Ranfurly. Chego até ver os infelizes funcionários responsáveis pelo reflorestamenteo no convés do navio acenando com entusiasmo, tomando nota das solicitações do governador, enquanto ele indica com sua elegante bengala os locais que considera mais promissores para o plantio de novas árvores e sugere as espécies mais adequadas. "Lá, aquelas colinas que se inclinam para o leste parecem ideais para os abetos. A área menos inclinada a oeste, por outro lado, será perfeita para a *Picea sitchensis.*"

A natureza, voluntariosa, decidiu agir de forma diferente: apesar da proverbial eficiência do Império Britânico e de algumas centenas de árvores plantadas, depois de alguns anos nenhuma delas resistiu. Todas mortas, congeladas, ressecadas pelos ventos impetuosos e gélidos soprando da Antártica. Todas menos uma: nossa indomável *Picea sitchensis*.

Em virtude de uma posição parcialmente mais protegida das intempéries ou apenas porque é mais robusta e adaptável que suas companheiras, nossa árvore resistiu aos ventos, ao frio, à falta de luz, à remoção de galhos que serviram de árvore de Natal aos climatologistas que deveriam passar a data na ilha, e a qualquer outro abuso sofrido pelo meio ambiente e pelos homens, crescendo forte e segura, apesar de tudo e de todos. De 1902, ano estimado de seu nascimento, até hoje, nossa *Picea sitchensis* continuou a crescer em um dos pontos mais isolados no mundo. A ênfase não é supérflua: em função desse crescimento isolado, a árvore da ilha Campbell representa um caso único também para a pesquisa científica. Basta pensar que, graças aos resultados dos estudos realizados nessa única planta, sugeriu-se fixar o ano de 1965 como o nascimento de uma nova época geológica: o Antropoceno. Mas vamos por partes.

A escala de tempo geológico é um sistema utilizado pela comunidade científica internacional para dividir o tempo decorrido desde o nascimento da Terra. Muitos terão ouvido falar de alguns desses períodos: o Jurássico e o Cretáceo são em geral mencionados mesmo fora dos campos estritamente científicos, ao passo que os demais, como o Ordoviciano e o Siluriano, são muito mais obscuros e conhecidos apenas por especialistas. Em todo caso, desde o nascimento da Terra até hoje, cada momento da vida do planeta é descrito por unidades geocronológicas exatas: éons (bilhões de anos), eras (centenas de milhões de anos), períodos (dezenas de milhões de anos), épocas (milhões de anos), idade (milhares de anos). Portanto, hoje, para nos entendermos, vivemos no Éon Fanerozoico, na era Cenozoica, no período quaternário, na época Holoceno. É um tipo de endereço residencial, que permite ordenar com precisão a vida do planeta em função de acontecimentos particularmente significativos. Um pouco como todos nós fazemos quando tendemos a classificar nossa vida com base em eventos específicos (antes do casamento, após a aposentadoria, no fim do ensino médio etc.). Ora, o problema surge justamente da compreensão de que determinado evento 1) teve ou não um impacto importante sobre a história da Terra a ponto de merecer marcar o limite de um período, era etc.; 2) deixou ou não um traço físico detectável em todo o planeta.

Algumas etapas na escala de tempo são determinadas por grandes eventos, como extinções em massa, e são indiscutíveis. Consideremos, por exemplo, a transição entre o período Cretáceo e o período Paleogeno. Em 1980, Luis e Walter Alvarez, pai e filho, o primeiro físico e ganhador do Nobel, o segundo planetologista, publicaram sua teoria sobre a extinção dos dinossauros como resultado do impacto de um asteroide.[2] A ideia partiu da descoberta, feita no ano anterior por Walter Alvarez, de uma fina camada de argila na Garganta de Bottaccione, perto de Gubbio [na Itália], provavelmente do fim do período Cretáceo, muito rica em irídio, elemento raro na terra, mas bastante comum em rochas de origem espacial. Após essa descoberta, tal camada foi encontrada em todo o planeta. O asteroide que atingiu a Terra, 66 milhões de anos atrás, portanto, deixou uma marca indelével na estratigrafia terrestre, representando um caso clássico de transição entre períodos geológicos. Em outros casos, a linha divisória entre um período e outro é mais tênue e não atribuível a um único evento, mas a uma série de causas. Nessas circunstâncias, a demarcação exata não é uma questão simples. De todo modo, para que a transição da época geológica seja aceita pela comunidade científica, deve primeiro ser formalizada por um organismo internacional delegado especificamente para esse fim: a Comissão Internacional sobre Estratigrafia. Bem, estamos quase lá, mais algumas palavras sobre o que é o Antropoceno e podemos voltar para nossa árvore solitária.

---

2 Luis W. Alvarez et al., "Extraterrestrial Cause for the Cretaceous-Tertiary Extinction". *Science*, n. 208, 1980, pp. 1095–108. Alvarez estava a bordo do bombardeiro *The Great Artist* no dia 6 de agosto de 1945, integrando uma comitiva de cientistas que haviam embarcado para observar os efeitos da explosão da bomba atômica sobre Hiroshima.

O termo "Antropoceno" (de *anthropos*, homem), originalmente cunhado pelo biólogo estadunidense Eugene Stoermer, deve sua tradição bem conhecida ao holandês Paul Crutzen, prêmio Nobel de Química.[3] De acordo com a definição de Crutzen, a época geológica atual é caracterizada pela atividade do ser humano, que modifica rapidamente todas as características ambientais, do solo ao clima, à difusão e à presença de outras formas de vida. Na realidade, a ideia de que o homem está contribuindo ativamente para modificar o ambiente em que vivemos é muito anterior a Stoermer e Crutzen. Já em 1873, um padre e patriota italiano, Antonio Stoppani, foi o primeiro a falar sobre isso. Considerado o pai da geologia de seu país, ao identificar nas atividades humanas uma verdadeira força telúrica, ele propôs chamar nossa época de antropozoica. Posteriormente, essa ideia foi revivida e expandida pelo geoquímico russo Vladimir Ivanovich Vernadski e por Pierre Teilhard de Chardin, jesuíta e paleontologista francês.

Embora por 11 700 anos, depois do fim da última era do gelo (a Glaciação Würm), a Terra se encontre oficialmente no Holoceno, a maioria dos cientistas está convencida (sem dúvida) de que a atividade humana mudou de maneira irrevogável o meio ambiente do planeta e de que o atual período geológico deveria, em consequência, ser chamado de Antropoceno. As evidências estão em toda parte, não se pode deixar de notá-las. Tomemos como exemplo um estudo publicado em 2015 por um grupo de pesquisadores liderado pelo professor Will Stefen[4] sobre a modificação de 24 indicadores globais a partir dos anos 1950. Doze desses parâmetros dizem respeito às atividades humanas (consumo de energia, consumo de água,

---

3   Paul J. Crutzen, "Geology of Mankind". *Nature*, n. 415, 2002, p. 23.
4   Will Steffen et al., "The Trajectory of the Anthropocene: The Great Acceleration". *The Anthropocene Review*, n. 2, v. 1, 2015, pp. 81–98.

crescimento econômico, população, transporte, telecomunicações etc.), enquanto outros doze, como biodiversidade, desmatamento e o ciclo do carbono, se referem diretamente ao meio ambiente do planeta. Os resultados são inequívocos: desde o período pós-guerra, o uso de fertilizantes aumentou oito vezes, a quantidade de energia despendida aumentou cinco vezes, a população urbana aumentou sete vezes.

O impacto dessas atividades, muitas vezes diretamente relacionadas ao sistema econômico (há quem tenha proposto falar sobre o Capitaloceno, no lugar do Antropoceno), provocou uma série de eventos graves: aceleração preocupante na taxa de extinção das espécies (tanto que o período atual é conhecido como o da sexta extinção em massa)[5] e a decorrente perda de biodiversidade; mudança climática; aumento exponencial da taxa de poluição etc. Não há dúvida de que a atividade humana está mudando o planeta, infelizmente para pior.

Quando essa ação humana teve início como força telúrica? A questão começa a ficar delicada. Existem pelo menos quatro diferentes posições a esse respeito: 1) com o início da agricultura, 10 mil anos atrás. A atividade agrícola precisava de terras desmatadas para poder cultivar. Além disso, não havendo mais necessidade de se preocupar em empregar a maior parte do tempo em busca de alimento, o homem se multiplicou e pôs em marcha o progresso tecnológico que inevitavelmente o levaria ao estado atual; 2) no século XVI, com o início das grandes viagens de exploração, a descoberta do continente americano e a consequente mescla de plantas, animais, mer-

---

5 Gerardo Ceballos et al., "Biological Annihilation Via the Ongoing Sixth Mass Extinction Signaled by Vertebrate Population Losses and Declines". *PNAS*, n. 114, 2017.

cadorias e doenças;[6] 3) na segunda metade do século XVIII, com a Revolução Industrial e o aumento das emissões de dióxido de carbono;[7] 4) depois da Segunda Guerra Mundial, com o início da era atômica.

Cada uma dessas hipóteses se escora em boas razões. Em todo caso, o problema a ser resolvido consiste em encontrar um elemento global. Algo semelhante àquela camada rica em irídio que, há 66 milhões de anos, marcou o fim do Cretáceo e o início do Paleógeno. Obter esse traço global e síncrono com informações físicas e químicas ou paleontológicas capazes de confirmar o salto contemporâneo de era em todo o planeta não é fácil.

É aqui que nossa árvore solitária da ilha Campbell retorna à cena, recuperando o protagonismo desta história. Com a publicação, em fevereiro de 2018, de um importante trabalho científico,[8] nossa *Picea sitchensis* torna-se a famosa prova que faltava. Ao analisar a quantidade de carbono-14 presente nos anéis concêntricos produzidos anualmente pela árvore, os pesquisadores descobriram um pico de isótopos de carbono que deveria ser oriundo de testes nucleares realizados no hemisfério norte entre 1950 e 1960. Mais exatamente, o pico de carbono-14 foi detectado nos últimos meses de 1965. O fato de esse pico ter sido encontrado na madeira de uma árvore cultivada em um local completamente não contaminado e o mais distante possível da fonte original que produziu

---

6 Simon Lewis e Mark A. Maslin, "Defining the Anthropocene". *Nature*, n. 519, 2015, pp. 171–80.

7 Paul J. Crutzen e Eugene F. Stoermer, "The 'Anthropocene'". *Global Change Newsletter*, n. 41, 2000, pp. 17–18.

8 Chris S. M. Turney et al., "Global Peak in Atmospheric Radiocarbon Provides a Potential Definition for the Onset of the Anthropocene Epoch in 1965". *Scientific Reports*, n. 8, 2018.

aqueles isótopos de carbono é o sinal inconteste da intervenção humana global no meio ambiente. Além disso, o radiocarbono se preserva por mais de 50 mil anos, garantindo que, mesmo daqui a dezenas de milhares de anos, os cientistas do futuro serão capazes de encontrá-lo. Enfim, graças a uma árvore solitária e teimosa em crescer onde não deveria, talvez tenhamos afinal a prova, aquela marca global e síncrona, que poderia ser apontada como o momento em que teve início o Antropoceno.

A acácia do Ténéré

A *Picea sitchensis* da ilha Campbell nem sempre foi "a árvore mais solitária do mundo". Até 1973, esse título nada invejável pertencia por direito a outra campeão excepcional na arte da sobrevivência em ambientes extremos: a acácia do deserto de Ténéré. No meio de um dos lugares mais áridos do mundo, caracterizado pela absoluta falta de vegetação, essa acácia, erguendo-se acima da extensão uniforme de areia, a única árvore existente em um raio de centenas de quilômetros, representou por mais de três séculos um ponto de referência para os *azalai*, as grandes caravanas de dromedários que as populações tuaregues promoviam para transportar o sal-gema do Mali para o Mediterrâneo. Sua singularidade, mais uma vez, residia na distância da qual se encontrava de qualquer outra árvore (neste caso, a distância era de *qualquer* outra planta) e na capacidade de sobreviver em um dos lugares mais hostis do planeta.

No norte do Níger, as condições climáticas do Ténéré são as mais extremas que existem na Terra. Para encontrar condições mais difíceis, é preciso visitar outros planetas do sistema solar. Vamos começar com o nome, cujo significado já é suficientemente evocativo: *"ténéré"* significa "deserto" na língua tuaregue. E, se pensarmos que se trata de uma área localizada na parte centro-sul do Saara, cujo nome, por sua vez, também significa "deserto", mas em árabe, o próprio nome dessa região desolada do mundo nos revela algo de sua essência: o Ténéré é um deserto dentro do deserto. Um pesadelo escaldante, classificado como zona hiperárida, com temperaturas máximas que com frequência ultrapassam 50°C e uma das menores taxas de chuva da Terra, entre dez milímetros e quinze milímetros por ano. Ou seja: podem se passar vários anos sem que caia uma única gota de água. Como se isso não bastasse, a água é extremamente difícil de ser encontrada, mesmo no subsolo, e os poucos poços disponíveis estão localizados a centenas de quilômetros de distância um do outro. Ao contrário da ilha de Campbell, temos aqui o maior número de horas de sol por ano (mais de 4 mil), e, de acordo com um estudo da Nasa, o único ponto mais ensolarado do planeta seria um forte em ruínas em Agadez, no sudeste de Ténéré. Nessas condições, não há vegetação que sobreviva. Ténéré é o clássico deserto de *Lawrence da Arábia*: centenas de quilômetros de dunas de areia e nada mais. Tente dar uma olhada em algumas fotos de satélite, será fácil perceber isso. Como uma árvore pode ter crescido em um ambiente tão inóspito é realmente um mistério. A acacia do Ténéré – para ser mais preciso, um exemplar de *Acacia tortilis* – estava tão isolada que foi a única árvore relatada nos mapas da região em uma escala de 1: 4 000 000.

Acredita-se que ela tenha sido o último exemplar de uma pequena população de acácias que sobreviveram de um tempo, não muito longe (6 mil anos), em que a água, não tendo desaparecido por completo, ainda podia favorecer algumas formas de vida vegetal. A história da exploração europeia do

Ténéré é muito recente. Os primeiros europeus a alcançar suas fronteiras em 1850 eram membros de uma expedição britânica liderada por J. Richardson. Em 1876, um alemão, Von Bary, segue mais ou menos o caminho de Richardson, mas depois disso nada ocorre até a ocupação francesa da cidade de Bilma, em 1906. No ano seguinte, uma coluna de 2 500 meharistas[9] (corpos militares montados em dromedários) consegue atravessar todo o Ténéré seguindo a rota tradicional dos *azalai*, quando então chegam à árvore do Ténéré e gravam no tronco a data de sua passagem: 13 de outubro de 1907.

Nos relatos dessas explorações pioneiras, a árvore é mencionada com frequência, tanto que na década de 1930 ela aparece como importante referência nos mapas militares europeus. Uma espécie de farol do deserto, necessário para se orientar naquela extensão desolada. Em um relatório de 1924, ela está praticamente encoberta; outros depoimentos relatam como os movimentos contínuos das dunas a forçam a passar muito tempo quase submersa na areia.

Devemos ao comandante Michel Lesourd, do Service Central des Affaires Sahariennes, um dos primeiros relatos escritos sobre a árvore:

> Tendo partido de Agadez, rumo a Bilma, nosso comboio de carros chegou à árvore de Ténéré às 14h30 de 21 de maio de 1939 [...] é preciso ver essa árvore para acreditar em sua existência. Qual é o seu segredo? Como pode ainda viver apesar da multidão de camelos que pisoteiam o solo ao redor dela? Como é possível que a cada *azalai* que passa os camelos não comam suas folhas e espinhos? Por que os tuaregues que conduzem as caravanas de sal não cortam os galhos a fim de com eles fazer fogueiras para preparar seus chás? A única resposta

9   Do árabe *mahrī*, que indica o dromedário de corrida.

é que a árvore é tabu e é assim considerada pelos viajantes. Um tipo de superstição, uma ordem tribal sempre respeitada. Todos os anos, os *azalai* se reúnem em torno da árvore antes de enfrentar a travessia do Ténéré. A acácia tornou-se um farol vivo; é o primeiro ou último ponto de referência para o *azalai* que sai de Agadez para Bilma, ou para quem retorna de lá.

No relato de Lesourd, temos ainda algumas notícias sobre as características extraordinárias que tornaram essa acácia lendária. Cavando um poço perto da árvore na esperança de encontrar a água da qual ela se abastecia, a trinta metros de profundidade os franceses foram bloqueados por uma camada de granito que as raízes da acácia haviam facilmente penetrado. Em seguida, foram encontradas raízes da planta a mais de 45 metros de profundidade.

Em 1959, a saúde da árvore já não era mais a mesma. H. Lotte, membro de uma missão geográfica, escreve:

> Já tinha visto essa árvore toda verde e em flor antes; hoje eu a encontro cheia de espinhos, fraca e sem folhas. Realmente não a reconheço; tinha dois troncos distintos, agora tem apenas um... O que aconteceu com esta árvore infeliz? Simplesmente um caminhão que estava indo em direção a Bilma a atropelou! Como se não houvesse espaço suficiente para passar por outro lado! A árvore-tabu, a árvore que o nômade jamais teria ousado tocar, foi, portanto, vítima da máquina.

O fato de em 1959 a árvore ter sido atingida por um caminhão é um triste presságio de seu fim inverossímil. Pense: qual é a probabilidade de ser atropelado por um caminhão no meio do nada de um deserto como o Ténéré? Praticamente nenhuma. Uma árvore poderia permanecer imóvel por bilhões de anos no meio desse deserto e nunca ser atingida por meio mecânico. Quantas árvores você conhece que foram atropeladas ao longo das avenidas de nossas cidades, apesar de milhões de carros passarem por elas há décadas? Bem poucas. Agora tente calcular quantas são as probabilidades de a mesma árvore, a única árvore presente em um deserto de centenas de quilômetros, ser atingida *duas* vezes por um caminhão ao longo de quinze anos. Não sou um ás no cálculo de probabilidades, mas tenho certeza de que as chances de ganhar o prêmio principal da loteria por dez anos consecutivos são maiores. Ainda assim, foi isso mesmo que aconteceu com nossa acácia do Ténéré. Em 8 de novembro de 1973, um motorista líbio bêbado conseguiu materializar essa chance única entre milhões de bilhões e, da boleia de seu caminhão, acertou a única árvore no meio do nada, decretando seu fim. Pode não ter sido realmente a árvore mais solitária do mundo, mas a mais desafortunada, sim. Sem discussão.

A árvore da vida do Bahrein

A árvore da vida do Bahrein (*Shajarat al-Hayat*) é a última árvore solitária desta pequena mostra.

O Bahrein é um discreto arquipélago no golfo Pérsico, localizado entre a Arábia Saudita e a península do Qatar. Essa árvore antiga, uma das mais misteriosas e fascinantes de que se tem notícia, com cerca de dez metros de altura, cresce majestosa em uma colina arenosa, completamente isolada no meio da área desértica da ilha principal do Bahrein.

Embora conhecida há séculos e cercada de lendas, do ponto de vista científico muito pouco se conhece a respeito dessa planta. Os fatos não são muitos. Não se sabe com exatidão a que espécie pertence essa árvore, cujo nome deriva da crença popular de que se trata da árvore da vida original[10] contada no Gênesis – que não deve ser confundida com a muito mais famosa e repleta de consequências para a humanidade, aquela do conhecimento do bem e mal. É uma pena não haver publicações científicas sobre essa planta que teria tanto a ensinar – o que se tem é pouco e confuso.

Até pouco tempo, qualquer tentativa de pesquisa sobre a árvore do Bahrein mais cedo ou mais tarde acabava por tropeçar em um estudo fantasioso, realizado em colaboração com a Smithsonian Institution, que lhe atribuía cerca de quinhentos anos. Sem encontrar nenhuma publicação do instituto sobre a matéria, alguns meses atrás decidi pedir esclarecimento diretamente a eles. Não tive sorte. A funcionária que contatei, muito gentil, me disse que não encontrara menção à árvore entre as pesquisas patrocinadas por eles. Uma situação incerta, portanto, e sem fontes confiáveis, a não ser aquelas fornecidas pelo governo do Bahrein, que, tendo sentido o potencial, sobretudo para o turismo, que a árvore poderia ter, iniciou anos atrás uma série de análises confiáveis.

Os resultados desses estudos são tão fascinantes quanto as lendas que cercam a árvore. Primeiro, a idade: a árvore parece sobreviver no meio do deserto desde meados do século XVI, o que faria dela, de longe, a decana de todas as árvores solitárias do mundo e, portanto, aquela que melhor conseguiu se adaptar às condições adversas de seu ambiente. Em segundo lugar, a espécie: hoje sabemos com certeza que a árvore da vida do Bahrein é uma *Prosopis juliflora*, uma árvore nativa

---

10 Segundo as lendas locais, o paraíso terrestre estaria localizado exatamente no arquipélago de Bahrein. Crença não muito inédita, uma vez que inúmeros países declaram ser o lugar original do Éden. Mas o que outros países não têm é uma árvore da vida ainda viva, viçosa e, apesar de tudo, em condições excelentes.

do México e da América do Sul, típica de áreas quentes, secas e salgadas, onde poucas outras espécies são capazes de sobreviver. Graças à sua raiz que pode atingir profundidades incríveis,[11] às folhinhas pequenas e compostas que permitem que o excesso de calor seja dissipado de forma muito eficaz, limitando a perda de água, até a capacidade para fixar nitrogênio em virtude da simbiose com bactérias fixadoras de nitrogênio, e, finalmente, à sua capacidade intrínseca de resistir à água com altas concentrações de sal – a única água que suas raízes podem eventualmente encontrar nas profundezas do solo desértico –, essa árvore foi criada para sobreviver às condições mais adversas imagináveis para uma planta. Não é só isso. Nem mesmo uma recordista de climas extremos como a *Prosopis* poderia sobreviver por cinco séculos no deserto aberto sem recorrer a algumas estratégias. Em 2010, o governo do Bahrein iniciou uma campanha de escavações arqueológicas na área em frente à árvore da vida, e ali descobriu os restos de uma aldeia provavelmente ativa até meados do século XVII, equipada com um poço bem perto de onde a árvore se situa. Isso significa que ela fora plantada ali de propósito, e que ao longo dos séculos, mesmo após o abandono definitivo da aldeia, ela conseguiu acompanhar o aquífero com suas raízes profundas. Assim se explica de onde veio a água que lhe permitiu sobreviver.

Um último mas fascinante mistério permaneceu: como uma espécie nativa das Américas teria chegado até o meio do deserto do Bahrein, vinda do outro lado do mundo apenas algumas décadas após a descoberta do continente americano? A resposta mais provável parece apontar para os portugueses

---

11 Em 1960, próximo a Tucson, no Texas, foram descobertas raízes de *Prosopis juliflora* a 53 metros de profundidade. Ver Walter S. Phillips, "Depth of Roots in Soil". *Ecology*, n. 44, v. 2, 1963, pp. 424–67.

que conquistaram as ilhas em 1521 e lá permaneceram até 1602, quando o arquipélago passou ao domínio da Pérsia. Durante os anos de dominação portuguesa, algumas plantas *Prosopis juliflora* devem ter sido levadas ao arquipélago a partir da intuição de algum botânico português que percebeu suas possibilidades de adaptação àqueles ambientes muito semelhantes aos originais. Desse núcleo de plantas, a árvore da vida é a única sobrevivente.[12]

Quaisquer que sejam as vicissitudes que levaram a árvore da vida até o Bahrein, permanece o feito extraordinário dessa planta única que, vinda das Américas longínquas, conseguiu se desenvolver e prosperar, conservando-se por meio milênio em um ambiente hostil, um emblema vivo da adaptabilidade das plantas e da sua habilidade de resolver brilhantemente até mesmo os problemas mais difíceis relacionados à sobrevivência.

---

12 Na década de 1950, a *Prosopis juliflora* e outras espécies do mesmo gênero foram mais uma vez importadas para o Bahrein e usadas, desta vez com muito mais sucesso, para o reflorestamento extensivo.

6

ANACRÔNICAS COMO UMA ENCICLOPÉDIA

ESPÉCIE-TIPO ABACATE

DOMÍNIO EUCARIOTO

REINO PLANTAE

DIVISÃO MAGNOLIOPHYTA

CLASSE MAGNOLIOPSIDA

SUBCLASSE MAGNOLIIDAE

ORDEM LAURALES

FAMÍLIA LAURACEAE

GÊNERO *PERSEA*

ESPÉCIE *PERSEA AMERICANA*

ORIGEM AMÉRICA CENTRAL

DISTRIBUIÇÃO MUNDIAL

PRIMEIRA APARIÇÃO NA EUROPA MEADOS DO SÉCULO XVI

"**S**ão muitos os chamados, e poucos os escolhidos." O versículo de Mateus descreve com perfeição o destino das sementes das plantas. Quantidades enormes de disseminulas[1] são produzidas todos os anos, porém apenas uma porcentagem insignificante sobrevive. Alguns licópodes ("pé-de-lobo", do grego *lykos*, "lobo", e *podos*, "pé"), como o *Lycopodium clavatum*, produzem pelo menos 30 milhões de esporos anualmente, e no entanto continuam a ser espécies bastante raras. Um pinheiro-de-alepo pode produzir entre 30 mil e 70 mil sementes por ano; destas, é provável que menos de duzentas germinarão e poucas sobreviverão. Uma produção enorme cujo resultado final é praticamente próximo a zero. Porcentagens tão baixas exigem estratégias para melhorar, ainda que não muito, as chances de sobrevivência das sementes.

Como vimos, a água, o ar e os animais são os vetores de que as plantas se servem para espalhar suas sementes. A preferência por um vetor ou outro é uma daquelas escolhas evolutivas capazes de influenciar muitas características da planta: da morfologia à fisiologia, da capacidade de adaptação a suas probabilidades de sobrevivência final. É uma escolha que requer cálculo e ponderação. Ao fazê-la, as características dos vetores devem ser analisadas com cuidado. Os chamados vetores abióticos, como o ar e a água, apresentam no cômputo final pequenas diferenças (faço esse esclarecimento para os mais exigentes): são os mesmos em todo lugar da Terra e mantêm suas características quase inalteradas ao longo do tempo. A água é sempre água, com perdão da platitude, e o vento pode mudar de intensidade e direção, mas não se transforma nem desaparece com o passar dos séculos. Enfim, o ar e a água são dois vetores muito populares justamente

---

1 Qualquer parte de uma planta capaz de garantir sua multiplicação: esporos, sementes, frutas, pedaços de frutas, propágulos etc.

porque sempre se pode contar com eles, em circunstâncias, lugares e tempos muito diferentes. Por isso, apesar de não ser grande sua eficiência na distribuição das sementes e, decerto, inferior ao serviço oferecido pelos animais, o ar e a água seguem como os preferidos de muitas espécies. Antes de mais nada, são baratos. Não requerem produção de frutas caras, necessárias ao pagamento do serviço animal, e isso não é pouca coisa. Além disso, são seguros. Essa é a qualidade que mais importa quando se trata de confiar os filhos. A qualquer momento e em qualquer lugar da Terra, ar e água estarão sempre prontos para transportar as sementes das plantas que lhes foram delegadas.

A questão muda de figura quando se começa a consignar as próprias sementes aos animais. A eficiência da distribuição é melhor, mas a segurança diminui. É como se fosse necessário escolher entre investir as próprias economias em operações seguras, mas não lucrativas, ou em outras de alto risco, porém muito mais lucrativas. Entre os dois extremos existem vários graus intermediários, com riscos e, consequentemente, com remunerações variadas. Em todo caso, é uma avaliação que requer cuidado. Algumas espécies optam pela segurança; outras, pela produção. Muitas decidem, com sabedoria, diferenciar o investimento, confiando a dispersão de suas sementes a dois ou mais sistemas alternativos.

Algumas plantas, não querendo correr nenhum dos riscos inerentes a entregar suas sementes a portadores, sejam eles quais forem, tomaram uma decisão corajosa que as diferencia dos demais colegas vegetais. Essas plantas decidiram se encarregar diretamente de todo o processo de propagação, desenvolvendo ferramentas inovadoras e originais, como a difusão explosiva. Um truque que ninguém jamais imaginaria encontrar no pacífico e aparentemente inerte mundo das plantas. As espécies que consignam o destino da progênie a uma explosão não são muito numerosas, mas essas poucas fazem literalmente muito barulho.

Na floresta amazônica e em outras regiões tropicais da América Latina cresce uma árvore imponente, a *Hura crepitans*, cujo nome comum, árvore dinamite, não deixa dúvidas sobre sua característica mais sugestiva. Essa espécie, que com segurança podemos considerar a senhora das explosões, é capaz de lançar suas próprias sementes a distâncias de quarenta metros e com velocidade inicial superior a 60 m/s.[2] As explosões podem ser tão violentas que os pesquisadores responsáveis pela coleta de sementes são forçados a se proteger atrás de telas. Muitos talvez conheçam o *Ecballium elaterium* (do grego *ecto*, "fora", e *ballo*, "lançar"), o chamado pepino-do-diabo, capaz de projetar o conteúdo viscoso de seus frutos, carregados de sementes, até dois metros de distância por um rápido processo de explosão, ou as muito comuns glicínias (várias espécies pertencentes ao gênero *Wisteria*), que conseguem dispersar suas sementes pela abertura repentina e explosiva da vagem que as contém. As espécies explosivas são mais numerosas e difundidas do que se pensa.

Há plantas, por outro lado, que espalham as próprias sementes por meio de explosões e as acompanham delicadamente até o subsolo. Dentre essas enterradoras, a mais famosa é, sem dúvida, o amendoim (*Arachis hypogaea*), que enterra seus frutos durante o amadurecimento, conservando assim as sementes nas melhores condições para germinar.

Até mesmo plantas que escolhem animais como portadores de suas sementes podem, de alguma forma, dimensionar o risco do investimento. Algumas espécies, por exemplo, não

2 Mike D. Swaine e Thomas Beer, "Explosive Seed Dispersal in *Hura Crepitans* L. (*Euphorbiaceae*)". *New Phytologist*, n. 78, 1977, pp. 695–708.

mantêm relações exclusivas com algum animal em particular, mas confiam suas sementes indiscriminadamente a qualquer um que esteja de passagem. É o caso das sementes caroneiras, que adotam diversos artifícios e adaptações variadas, como garras, espinhos, superfícies adesivas etc., para se agarrar a animais em trânsito e serem transportadas por eles ao redor do mundo. Neste caso, o único requisito é que os animais tenham pelos nos quais se fixar.

Muitos animais apresentam essas características; não há risco de ficar sem vetores. Outras dependem de pássaros. Novamente, trata-se de um relacionamento não exclusivo. Toda ave, de qualquer espécie, desde que frugívora, é bem-vinda.

Em outros casos, no entanto, as plantas estabelecem relações especiais com um número limitado de animais. Nesses casos, a operação pode se tornar arriscada. As relações restritas, por um lado, garantem as melhores condições possíveis para a difusão de determinadas sementes, mas por outro, diante da alta especialização exigida, elas podem tornar-se incertas. Embora na disseminação de sementes não haja casos conhecidos de coevolução entre plantas e animais, como se verifica, por exemplo, na polinização, trata-se, ainda assim, de uma ligação muito próxima entre uma espécie de planta e um pequeno número de parceiros animais. Se o animal, ou o grupo de animais, ao qual ela consigna a sobrevivência da própria espécie por algum motivo desaparece, a planta corre o risco de sofrer o mesmo destino.

Foi o que aconteceu com algumas plantas que, tendo confiado o transporte de suas sementes a determinados animais, que mais tarde foram extintos, se encontraram em algum momento de sua história com sérias dificuldades em espalhar a progênie. Algumas delas desapareceram como seus parceiros animais, outras foram salvas por um triz, mantendo, porém, como um lembrete dessas *relações perigosas*, características bizarras, razoáveis apenas se consideradas à luz dos parceiros animais originais extintos, e hoje completamente fora do lugar. Essas adaptações de plantas a animais que não existem mais são chamadas de anacronismos evolutivos,[3] e são muito mais comuns do que se pensa. Muitas espécies, por exemplo, conservam adaptações para se defender ou para atrair animais já desaparecidos. Tomemos o azevinho (*Ilex aquifolium*), uma espécie muito comum. Ter folhas com bordas espinhosas até uma altura de quatro ou cinco metros é um anacronismo. Ao mesmo tempo, quando, na Europa, havia grandes herbívoros capazes de se alimentar de folhas nascidas em alturas consideráveis, essa defesa certamente fazia sentido, mas hoje nenhum animal nesse continente consegue alcançar folhas tão altas.

Enquanto se tratar de anacronismos como o descrito acima, não há nada de grave: são adaptações inúteis, mas que não impedem a vida da planta. Quando, ao contrário, os anacronismos dizem respeito ao delicado meio da propagação, as consequências podem ser dramáticas. Sementes enormes, por exemplo, projetadas para serem engolidas inteiras por animais que não existem há milênios, são um anacronismo que pode impactar de maneira negativa a capacidade de sobrevivência de uma espécie. Algumas dessas espécies anacrônicas, mesmo perdendo os animais que garantiam sua difusão, conseguiram sobreviver ao estabelecer novas relações com outros animais. Poucas foram bem-sucedidas em se relacionar com um transportador muito eficiente e difuso: o homem. E assim

---

3 O anacronismo evolutivo é um conceito da biologia evolutiva cuja teoria geral foi formulada pelo botânico Daniel Janzen e pelo geólogo Paul S. Martin em um artigo intitulado "Neotropical Anachronisms: The Fruit the Gomphotheres Ate pubblicato". *Science*, 1982.

garantir para si não só a sobrevivência, como uma capacidade de propagação sem precedentes.

Sinto tanta a falta de um mastodonte

Plantas que produzem frutos grandes, com muita polpa, coloridos, perfumados e apetitosos, não fazem isso desinteressadamente. Investir tanta energia em um envelope cujo único propósito deveria ser abrigar a semente pareceria até impróprio, mas essas frutas grandes têm outras tarefas a cumprir. Elas devem servir de lembrete, e, ao mesmo tempo, de recompensa, a todos os animais que, ao se alimentarem da fruta, cumprem a função essencial de transportar as sementes para longe da planta-mãe. Se uma árvore produz frutos grandes e vistosos e os deixa cair para apodrecer aos próprios pés, algo em sua estratégia de difusão deu errado. Não pode haver pior cenário para a sobrevivência de uma espécie.

As plantas que não confiam a disseminação de suas sementes a animais em geral desenvolvem frutos minúsculos, muitas vezes quase invisíveis. Não há necessidade de aumentar o tamanho do fruto se, em seguida, as sementes serão espalhadas pelo vento. Dimensões excessivas, ao contrário, podem ser um obstáculo à difusão. As plantas que dependem de animais investem muita energia na produção de frutas. Quando, apesar desse esforço, uma planta não consegue dispersar suas sementes, ela está definitivamente em apuros. A massa de frutos acumulados ao pé da planta-mãe implica que a grande maioria das sementes vai apodrecer e perder a vitalidade. Mesmo no caso de muita sorte, quando as sementes são capazes de germinar, as mudas vão crescer em um ambiente difícil, literalmente à sombra da mãe, com pouquíssima luz disponível e, portanto, pouca chance de sobrevivência. Se os frutos que caem da árvore não são consumidos, é provável que os animais para os quais os frutos se destinavam não existam mais. A menos que tenham habilidades de sobrevivência insuspeitas, essas plantas, privadas de seus parceiros animais, mais cedo ou mais tarde, se extinguirão.

Tudo está conectado na natureza. Essa lei simples que os homens parecem não entender tem um corolário: a extinção de uma espécie, além de ser um drama em si, tem consequências imprevisíveis no sistema do qual ela faz parte. Até cerca de 13 mil anos atrás, por exemplo, o continente americano era o lar de um número considerável de animais enormes. Não é fácil imaginar a quantidade e a variedade desses animais. Se pudéssemos trazê-los de volta à vida, como nos filmes de Steven Spielberg, seríamos oprimidos por uma enxurrada deles. Naquela época, preguiças-gigantes, várias espécies de antas, queixadas, camelos gigantes (como o *Titantylopilus*, que media três metros de altura até o ombro) e, além desses, o *Bootherium bombifrons*, o *Euceratherium*, o *Cervalces,* infinitos mamutes e mastodontes, o *Glyptotherium*, os castores gigantes, o *Hippidion*, semelhantes a tatus como o *Doedicurus* e o *Glyptodon*, gigantes como o *Toxodon* e o *Stegomastodon*. E seus predadores. Carnívoros gigantes, como leões, *Smilodon*, *Homotherium* e pássaros tão grandes quanto um avião monomotor, como os *Teratornithidae*.

Um mundo todo fora de escala, dentro do qual nos sentiríamos como Gulliver na terra dos gigantes. Ainda assim, parece que somente nós, pequenos humanos, fomos responsáveis pela extinção repentina dessa megafauna maravilhosa.[4] Em um

---

4 Mark A. Carrasco et al., "Quantifying the Extent of North American Mammal Extinction Relative to the Pre-Anthropogenic Baseline". *PLoS One*, n. 4, v. 12, 2009.

piscar de olhos, não restou de todos esses animais um único vestígio, exceto os fósseis graças ao quais podemos contar sua história. Alguns acreditam que tenham sido as mudanças climáticas – já naquela época –, mas a maioria dos estudiosos concorda que a chegada do homem ao continente americano foi a causa desencadeadora da repentina extinção dos animais que pisaram o solo por dezenas de milhões de anos.

Estima-se que tenham se extinguido, apenas na América do Norte, cerca de 13 mil anos atrás, 33 gêneros de mamíferos descritos como megafauna (animais com massa corporal superior a 44 quilos).[5] Com a caça, o homem eliminou todos os grandes herbívoros da face da Terra. Os predadores desses animais inevitavelmente seguiram seu destino e, em uma cadeia frenética de eventos, não restou nenhum. As plantas não podiam permanecer incólumes a uma catástrofe desse naipe.

Quando se trata de extinções, tendemos a falar apenas de animais. Não levamos as plantas em consideração, em parte porque não conseguimos entender sua importância para a vida do planeta, em parte porque, não deixando ossos residuais, são muito mais difíceis de estudar. Determinar a extinção de uma espécie de planta, em determinado momento da história, requer análises demoradas e sofisticadas em geral baseadas em pequenos grãos de pólen.

Embora as plantas sejam mais adaptáveis do que os animais, muitas delas morreram em razão do desaparecimento da megafauna. Outras tantas sofreram consequências graves, mas conseguiram sobreviver. Entre estas, algumas espécies conhecidas, como o caqui e o mamão, e outras menos, como a *Maclura pomifera*. Essa planta, chamada laranjeira-de-osage – do nome da tribo indígena que vivia na mesma região da

---

5   Paul. S. Martin e Richard Klein (orgs.). *Quaternary Extinctions: A Prehistoric Revolution*. Tucson: University of Arizona Press, 1984.

América do Norte onde a árvore cresceu –, produz infrutescências esféricas cujo diâmetro pode ultrapassar quinze centímetros, muito apreciadas pela extinta megafauna herbívora norte-americana. Com o desaparecimento dos mastodontes e mamutes, essa espécie se viu inevitavelmente em uma situação complicada. Por um certo tempo os cavalos selvagens, que passaram a se alimentar de seus frutos, contribuíram para sua difusão. Por fim, com a redução contínua também desse vetor animal, a salvação veio, felizmente, de sua madeira muito dura, dos espinhos e da compactação de sua vegetação, o que fazia dela a espécie preferida dos criadores estadunidenses para a construção de sebes e cercas. Se o arame farpado, que apareceu em 1874, tivesse sido inventado cinquenta anos antes, talvez hoje a laranjeira-de-osage não existisse mais.

Espécie muito mais conhecida que a laranjeira-de-osage, que sofre do mesmo problema e escapou por um triz, é o abacate (*Persea americana*). Qualquer pessoa que já abriu um abacate não pôde deixar de notar a portentosa semente alojada em seu interior, verdadeiro ovo Fabergé embalado em sua caixa luxuosa. Uma semente desproporcional. Incompreensível, se olharmos para ela como meio de disseminação da espécie. Que animal poderia engolir um abacate inteiro sem danificar a semente? Não esqueçamos que a ingestão da fruta não é suficiente para garantir a dispersão das sementes de uma espécie. É fundamental que elas possam transitar incólumes pelo trato digestivo do animal. Essa necessidade faz com que muitas espécies, incluindo o abacate, defendam a própria semente acumulando-a de substâncias tóxicas que são liberadas, se danificadas. Hoje não há herbívoro na América capaz de ingerir um abacate inteiro, mas 13 mil anos atrás havia muitos, entre os quais os *Gomphotherium*, elefantes de quatro presas; os *Glyptodons*, tatus de três metros, e por fim preguiças-gigantes como o *Megatherium*, grande como um elefante atual.

Todos, alimentando-se do abacate, facilitaram a dispersão das sementes. Com a extinção desses animais, à qual se seguiu a de todos os herbívoros de dimensões aproximadas, o abacate viu-se, de um dia para outro, sem seus principais parceiros e com uma semente tão grande que não seria fácil oferecê-la a parceiros de menor tamanho. O destino da espécie parecia selado. Sem os mastodontes, a planta estava fadada à extinção. Mas não se deve entrar em desespero. Nunca se sabe de onde pode chegar ajuda. No caso do abacate, veio do mais inesperado dos animais: a onça. Esses carnívoros, atraídos pela polpa gordurosa do abacate, mostraram-se excelentes vetores. Seus dentes, talhados para rasgar a carne e não para picar, eram perfeitos para que a preciosa semente não se machucasse. Suas mandíbulas, acostumadas a devorar grandes nacos de carne, são adequadas para engolir o abacate de uma só vez. Não podia ser uma solução definitiva; entretanto, como paliativo, à espera da conclusão de um novo contrato com um vetor mais eficiente, as onças eram ótimas. Graças a elas e a alguns outros vetores improvisados, o abacate foi capaz de permanecer vivo, a despeito de seu alcance vir encolhendo inexoravelmente. E teria sido reduzido ainda mais, até desaparecer, se o vetor perfeito não tivesse aparecido no horizonte, quando tudo parecia perdido: o homem.

Quando os espanhóis chegaram à América, o abacate já era limitado a áreas muito confinadas. Salvo *in extremis*, por seus frutos serem apreciados pelos primeiros exploradores europeus, a espécie rapidamente começou a se espalhar pelo mundo. Em 2016, a área dedicada ao cultivo de abacate no globo era de mais de 550 mil hectares, distribuídos por todos os continentes. Um sucesso aparentemente irrefreável. Quando se começa a encontrar na web palavras de busca como "torradinha com pasta de abacate, cinco erros a serem evitados", ou, para ficar no cinco – número muito popular nas listas da internet –, "cinco maneiras de comer torradinha com pasta de abacate", significa que essa fruta entrou definitivamente na culinária internacional. E, de fato, ano após ano, a demanda por abacates tem crescido, bem como as terras dedicadas a seu cultivo.

Então está tudo bem? Nem sonhando. Associar-se ao homem significa assinar um pacto com o diabo. Mais cedo ou mais tarde a alma do contratante é requisitada como pagamento. Foi o que aconteceu com o abacate. E sempre por causa de sua semente colossal, causa de todos os seus infortúnios. Os mesmos homens que até recentemente caçavam com sucesso os enormes tigres-de-dente-de-sabre se tornaram os seres que acham insuportável, verdadeiro estorvo, a presença de sementes em frutas. Elas atrapalham. O que elas estão fazendo no meio da nossa comida?

Assim como já aconteceu no passado com outras espécies imprudentemente associadas ao homem, como bananas, uvas, tomates, frutas cítricas etc., chegou a hora de o abacate ficar sem sementes para agradar um mercado mimado.

Privada da capacidade de produzir sementes, uma planta não é mais um ser vivo, ela se torna um simples meio de produção nas mãos da indústria alimentar, que decide como, quanto e onde reproduzi-la. E não é só isso. Uma planta sem sementes não pode mais se propagar pela reprodução sexuada, apenas vegetativamente, produzindo plantas-filhas que são clones geneticamente idênticos à planta-mãe. A diversidade genética das espécies desaparece, e apenas poucos indivíduos são propagados milhões de vezes. Um parasita ou uma doença que venha a afetar um desses indivíduos é capaz de afetar todos os seus clones. Só a título de exemplo, 99% das bananas produzidas no mundo (sem sementes, é claro) vêm da cultivar Cavendish. Sua uniformidade genética faz com que uma doença fúngica há pouco descoberta, e à qual a Cavendish é altamente sensível, ameace a população mundial de bananas.

Estávamos falando de pacto com o diabo? Em 2017, uma rede de supermercados britânicos começou a distribuir embalagens de cinco abacates sem sementes chamados *cocktail avocados*, que têm o benefício adicional de serem comidos com a casca. Pronto. Nossos filhos nem vão imaginar que algum dia os abacates tiveram semente, do mesmo modo que nós nunca vimos as sementes das bananas. A parábola de uma grande árvore tropical termina tristemente: de comida para mastodontes a aperitivo de coquetel. *Sic transit gloria mundi*.

O dodô e o tambalacoque

A ilha Maurício é universalmente conhecida como uma espécie de paraíso. Hoje está bastante acabada, mas foram preservados indícios de sua beleza nas áreas que os resorts não ocuparam ou naquelas com menos gente, ao sul. Quem chegasse à Maurício no início do século passado teria a impressão de adentrar um mundo encantado. Entre os séculos XVIII e XIX, ela era o destino preferido não só de botânicos e naturalistas, como de poetas e escritores, que repercutiram a lenda. Mark Twain escreveu que "Deus criou Maurício e em seguida o Paraíso terrestre". Foi nessa ilha que Charles Baudelaire compôs seu primeiro poema, "À une dame créole", enquanto estava hospedado no Jardim Botânico de Pamplemousses (o mais antigo dos trópicos). Joseph Conrad, que a conhecia muito bem, pois a visitou com frequência durante seu tempo como capitão de navio da Companhia das Índias, a descreveu como "uma pérola que destila grande doçura no mundo".

Muito de seu charme, assim como suas belezas naturais, que fazem dela a ilha tropical por excelência, derivam de sua história particular – os animais e as plantas que ali empreenderam sua evolução paralela não foram incomodados durante milhões de anos. Visitar a ilha Maurício era como visitar um experimento em curso sobre as possibilidades de evolução. Um experimento que continuou sem ser perturbado até 1598, quando os holandeses edificaram seu primeiro assentamento[6] e com isso interromperam a magia com a brutalidade típica do colonizador. Quando os europeus chegaram, a ilha era ocupada pela mais fantástica flora e fauna que se poderiam imaginar. Aproximadamente um terço das plantas era endêmica, assim como muitas espécies animais. Uma microcosmo completo, com regras próprias, diferentes daquelas do mundo de onde provinham os colonos. Um mundo em que, por exemplo, não existindo animais predadores de porte, os pássaros evoluíram perdendo a capacidade de voar, tornando-se grandes, lentos e terrestres. Pacíficas e simpáticas aves, como o lendário dodô – personagem de *Alice no país das maravilhas*[7] –, magnífico pássaro columbiforme, incapaz de voar e pesando até trinta quilos, espalhado por parte significativa da ilha.

As descrições dos primeiros visitantes mencionam um cenário decididamente paradisíaco, com animais, sobretudo o dodô, nem um pouco amedrontados pela presença daquele novo hospedeiro bípede, cuja capacidade de destruição logo seria revelada. Menos de um século depois do assentamento holandês, toda a população dodô de Maurício – e, portanto,

---

6 A ilha já era conhecida pelo menos desde o século X pelos árabes, que a chamavam de Dina Arobi. Os portugueses desembarcaram em 1505, chamando-a ilha do Cirne ("ilha do cisne"), mas, na verdade, ela permaneceu desabitada até o primeiro assentamento holandês, em 1598.

7 Lewis Carroll era o pseudônimo de Charles Lutwidge Dodgson. Em *Alice,* Carroll refere-se a si mesmo quando faz o dodô dizer seu nome: "Do-Do Dodgson". É sabido que o autor sofria de uma leve gagueira.

do mundo – foi exterminada,[8] em parte por uma perseguição sem motivo (parece que sua carne era nojenta), em parte devido à eliminação de seu habitat em favor dos extensos cultivos de cana-de-açúcar. E também porque foi predada por animais, como porcos ou cães, que o homem introduziu no delicado ecossistema da ilha. O mesmo triste destino reservado ao papagaio-de-bico-largo e a dezenas de outras espécies, entre as quais magníficas tartarugas-gigantes nativas, das quais restam hoje, dando uma ideia de seu tamanho, apenas enormes cascos e algumas gravuras que mostram dois soldados holandeses sentados sobre o casco de uma delas.

Na ilha de Maurício, como disse, havia regras diferentes do resto do mundo, ditadas por uma evolução que seguira caminhos próprios e originais. Caminhos que fizeram com que uma lagartixa azul fosse o principal polinizador das flores da ilha. E as sementes fossem espalhadas por tartarugas-gigantes, papagaios-de-bico-longo, morcegos diurnos e, claro, o dodô, cuja extinção repentina deixou muitas plantas sem os principais parceiros para disseminar suas sementes. Entre essas plantas havia uma árvore endêmica da ilha, chamada árvore-dodô pelos franceses (*Sideroxylon grandiflorum*, até poucos anos atrás conhecida como *Calvaria maior*).

Em 1977, um ornitólogo norte-americano, Stanley Temple, promoveu uma discussão acalorada na comunidade científica depois de publicar um artigo na revista *Science*, no qual afirmou haver uma relação indissociável entre a árvore e o

---

8   Anthony Cheke e Julian Hume, em *Lost Land of the Dodo: The Ecological History of Mauritius, Reunion, and Rodrigues* (New Haven: Yale University Press, 2008), reportam 1662 como o ano da morte do último dodô. Outras fontes indicam o ano de 1681.

dodô.[9] Temple argumentou que, para que as sementes da árvore-dodô pudessem germinar, elas tinham necessariamente que passar primeiro pelo sistema digestivo do dodô, cuja ação combinada da abrasão à qual seriam submetidas na moela e dos ácidos produzidos pelo estômago da ave, afetando a superfície lenhosa das sementes, permitiria que a água penetrasse, desencadeando a germinação.

Com a extinção do dodô, porém, a árvore-dodô também estaria fadada à extinção. Para apoiar sua teoria, Temple apresentou duas evidências bastante sólidas. A primeira dizia respeito ao número de árvores-dodô na ilha. Segundo ele, em 1977 havia apenas treze, e cada uma tinha mais de trezentos anos. Seriam as últimas árvores germinadas antes da extinção definitiva do dodô, ocorrida no fim do século XVII. A segunda evidência era de natureza mais experimental: Temple havia identificado que a moela dos perus podia assemelhar-se à do dodô. Encorajado por essa semelhança, ele fez com que os perus ingerissem dezessete sementes da árvore-dodô e, após recuperá-las de suas fezes, conseguiu germinar três delas.

A teoria tinha um fascínio indiscutível e parecia razoável. E mais: ter sido publicada em uma revista renomada como a *Science* ajudou em sua rápida divulgação mundo afora. Nos anos seguintes, uma série de pesquisas comprovou a validade parcial da teoria de Temple. Em primeiro lugar, com base em uma análise mais aprofundada da vegetação, descobriu-se que existiam bem mais árvores-dodô na ilha Maurício do que as treze identificadas pelo ornitólogo e, acima de tudo, muitas delas eram muito mais jovens do que os trezentos anos

---

9 Stanley A. Temple, "Plant-Animal Mutualism: Coevolution with Dodo Leads to Near Extinction of Plant". *Science*, n. 197, 1977, pp. 885–86.

necessários para apoiar sua hipótese. Isso não significava que a árvore desfrutasse de ótima saúde. É uma espécie em extinção, cujo número de espécimes sobreviventes, embora muito maior do que os treze de Temple, ainda está muito abaixo do número mínimo necessário para garantir a sobrevivência tranquila da espécie. A extinção do dodô, e a de muitos outros animais frugívoros envolvidos na disseminação de sementes, certamente exerceu alguma influência sobre isso. A destruição do habitat original, amplamente substituído por plantações de cana-de-açúcar e de coqueiro, fez o resto.

A sobrevivência das espécies é algo muito delicado e as mudanças do meio ambiente ligadas à atividade humana se mostraram deletérias no passado para um grande número de organismos vivos – e nos próximos anos serão ainda mais. Sobretudo para os animais, menos adaptáveis que as plantas, conforme demonstraram pesquisas recentes.[10]

Embora a suposição do liame inevitável entre dodô e a árvore-dodô no fim das contas não se mostrou verdadeira, o trabalho de Temple teve o mérito de pôr em destaque a ignorância, e, em geral, o desinteresse a respeito dos efeitos que a extinção de animais pode ter sobre a vida vegetal. Segundo o artigo dele, um número crescente de pesquisadores passou a tratar do tema e as relações únicas entre plantas e animais começaram a surgir e a serem estudadas com o aprofundamento que mereciam.

Um dos animais que têm grande número de relações únicas com as espécies vegetais é o elefante. Muitas sementes da flora africana parecem depender de trânsito pelo sistema digestivo desses paquidermes antes de poderem germinar. A *Omphalo-*

---

10   Matthias Schleuning et al., "Ecological Networks Are More Sensitive to Plant than to Animal Extinction Under Climate Change". *Nature Communications*, n. 7, 2016.

carpum elatum (*omphalocarpum*, "fruta-do-umbigo": dê uma olhada na fruta para entender o nome), por exemplo, pertence à família *Sapotaceae*, como a árvore-dodô, com a qual compartilha uma predisposição especial para criar laços estáveis com animais. É uma espécie nativa da África Central, inconfundível. A árvore produz frutos volumosos que pesam em torno de dois quilos, diretamente no tronco da árvore.

No entanto, essa não é a característica mais exclusiva dessas plantas. As frutas são praticamente indestrutíveis, protegidas por uma couraça que nenhum animal, exceto os elefantes, é capaz de quebrar. A técnica que empregam foi documentada recentemente: eles perfuram o fruto com uma presa e depois o dividem, girando-o entre o solo e a base da árvore. Um procedimento complexo que nenhum outro animal tem a possibilidade ou a habilidade de realizar com sucesso. Basta o som dos frutos caindo no solo e se espalhando pela floresta para atrair os elefantes, que acorrem ao local do banquete por meio de determinadas passagens abertas na massa compacta da floresta: a relação desse animal com a árvore é dessa magnitude. Se o elefante se extinguir, o *Omphalocarpum elatum*, assim como muitas outras espécies que dependem da difusão desse paquiderme, teriam igual destino. Cada espécie viva é parte de uma rede de relações sobre as quais sabemos muito pouco. É por isso que todo organismo vivo deve ser protegido. A vida é uma mercadoria rara no universo.

índice onomástico

Alexandre Magno **41**
Alvarez, Walter **114**

Baden-Powell, Robert **56**
Bailey, George **9-10**
Baudelaire, Charles **18, 141**
Belon, Pierre **97**
Bobart, Jacob **45**
Boccone, Paolo **44**
Bond, James **21**
Broussard, Robert **19, 56, 110**
Burnham, Frederick R. **54-57**

Campbell, Robert **110**
Capra, Frank **9-10**
Chalámov, Varlam
   Tíkhonovitch **99-100**
Colombo, Cristóvão **71**
Conrad, Joseph **141**
Cortés, Hernán **40**
Crutzen, Paul **115, 117**

Culpeper, Nicholas **41**
Cupani, Francesco **44-45**

Darwin, Charles **62-65, 87**
Duquesne, Fritz Joubert **56**

Eichhorn, Johann Albert
   Friedrich **52**
Elizabeth I **92**
Engelhardt, August **67-71**

Ferdinando II **44, 70**
Fernández, Gonzalo **71**
Fonda, Henry **16**
Friedrich, Caspar David **108-09**

Hajduch, Martin **27**
Hasselborough, Frederick **110**
Heyerdahl, Thor **72-73**
Hooker, *Sir* Joseph
   Dalton **64-65**

Kawano, Tomonori 29
Knox, Uchter John Mark 111
Kullman, Leif 86

Lênin, Vladimir Ilyitch 24
Lesourd, Michel 120–21

Magellano, Ferdinando 70
Malden, Karl 16
Mattioli, Andrea 40
Matusalém 66

Ochi, Mitsuno 33

Peck, Gregory 16
Picault, Lazare 75
Pigafetta, Antonio 70
Polo, Marco 70
Ponce, Juan 71

Ranfurly, Lorde 111–12
Reynolds, Debbie 16
Rumpf, Georg Everhard 75

Sallon, Sarah 96–98
Sandoval, Bosco 44
Sherard, William 45
Silva, Lúcio Flávio 94–95
Solowey, Elaine 96–98
Spielberg, Steven 136
Stefen, Will 115
Stewart, James 9, 16

Stoermer, Eugene 115, 117
Stoppani, Antonio 115

Teerlink, Jan 89–92
Teilhard, Pierre 115
Temple, Stanley 143–45
Twain, Mark 141

Van Cleef, Lee 16
Van Gelder, Roelof 91
Vernadski, Vladimir
    Ivanovich 115
Von Bary, Erwin 120

Wallach, Eli 16
Wayne, John 16
Wegener, Alfred 62
Widmark, Richard 16

Yadin, Yigael 96

sobre o autor

STEFANO MANCUSO nasceu em 1965, em Catanzaro, na Itália. É formado pela Università degli Studi di Firenze (UniFI). Em 2005, fundou o LINV – International Laboratory of Plant Neurobiology –, um laboratório dedicado à neurobiologia vegetal, campo de que foi o fundador, e que explora a sinalização e a comunicação entre plantas em todos os seus níveis de organização biológica. Em 2012, participou da criação de uma "planta robótica", um robô que cresce e se comporta como uma planta, para o projeto Plantoid. Em 2014, inaugurou na UniFI uma *startup* dedicada à biomimética vegetal, ramo de pesquisa e inovação tecnológica baseada na imitação de propriedades das plantas, desenvolvendo um modelo de estufa flutuante chamado "Jellyfish Barge". Publicou, entre outros, os livros *Verde brillante* [Verde brilhante] (2013), em coautoria com Alessandra Viola; *Botanica: viaggio nell'universo vegetale* [Botânica. Viagem ao universo vegetal] (2017); *A planta do mundo* (Ubu Editora, 2021); e *Nação das plantas* (Ubu Editora, 2024). Em 2018, Mancuso recebeu o XII Prêmio Galileo de escrita literária de divulgação científica pelo livro *Revolução das plantas* (Ubu Editora, 2019). Desde 2001, atua como professor do Departamento de Ciência e Tecnologia Agrária, Alimentar, Ambiental e Florestal da UniFI.

Título original: *L'incredibile viaggio delle piante*
© 2018, Gius. Laterza & Figli, All rights reserved
© 2021 Ubu Editora

ilustrações Mariana Zanetti
edição de texto Maria Emília Bender
preparação Cláudia Cantarin
revisão Tomoe Moroizumi
tratamento de imagem Carlos Mesquita
produção gráfica Marina Ambrasas

EQUIPE UBU
direção editorial Florencia Ferrari
coordenação geral Isabela Sanches
direção de arte Elaine Ramos; Júlia Paccola e
Nikolas Suguiyama (assistentes)
editorial Bibiana Leme e Gabriela Naigeborin
comercial Luciana Mazolini e Anna Fournier
comunicação / Circuito Ubu Maria Chiaretti,
Walmir Lacerda e Seham Furlan
design de comunicação Marco Christini
gestão Circuito Ubu / site Laís Matias
atendimento Cinthya Moreira e Vivian T.

2ª reimpressão, 2024

Dados Internacionais de Catalogação na Publicação (CIP)
Bibliotecária Vagner Rodolfo da Silva – CRB 8 / 9410

M269I Mancuso, Stefano
   A incrível viagem das plantas / Stefano Mancuso;
   traduzido por Regina Silva – São Paulo: Ubu Editora,
   2021. / Título original: *L'incredibile viaggio delle
   piante* / 160 pp.
   ISBN 978 65 86497 76 2

1. Biologia. 2. Botânica. 3. Ciência. 4. Filosofia.
I. Silva, Regina. II. Titulo.

	CDD 570
2021-4097	CDU 57

Índice para catálogo sistemático:
1. Biologia 570 2. Biologia 57

UBU EDITORA
Largo do Arouche 161 sobreloja 2
01219 011 São Paulo SP
ubueditora.com.br
 /ubueditora